国家出版基金项目
NATIONAL PUBLICATION FOUNDATION

十四个集中连片特困区
中药材精准扶贫技术丛书

吕梁山区
中药材生产加工适宜技术

总主编　黄璐琦
主　编　牛颜冰　乔永刚　刘根喜

U0286274

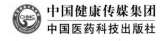

中国健康传媒集团
中国医药科技出版社

内容提要

本书为《十四个集中连片特困区中药材精准扶贫技术丛书》之一。本书分总论和各论两部分：总论介绍吕梁山区中药资源概况、自然环境特点、肥料使用要求、病虫害防治方法、相关中药材产业发展政策等内容；各论选取吕梁山区优势和常种的 17 个中药材种植品种，每个品种重点阐述植物特征、资源分布、生长习性、栽培技术、采收加工、质量标准、仓储运输、药材规格等级、药用和食用价值等内容。

本书供中药材研究、生产、种植人员及片区农户使用。

图书在版编目（CIP）数据

吕梁山区中药材生产加工适宜技术 / 牛颜冰，乔永刚，刘根喜主编 . — 北京：中国医药科技出版社，2021.11

（十四个集中连片特困区中药材精准扶贫技术丛书 / 黄璐琦总主编）

ISBN 978-7-5214-2494-2

Ⅰ . ①吕… Ⅱ . ①牛… ②乔… ③刘… Ⅲ . ①药用植物—栽培技术 ②中药加工 Ⅳ . ① S567 ② R282.4

中国版本图书馆 CIP 数据核字（2021）第 100105 号

审图号：GS（2021）2519 号

美术编辑 陈君杞

版式设计 锋尚设计

出版 **中国健康传媒集团** | **中国医药科技出版社**

地址 北京市海淀区文慧园北路甲 22 号

邮编 100082

电话 发行：010-62227427 邮购：010-62236938

网址 www.cmstp.com

规格 710×1000mm ¹/₁₆

印张 13³/₄

彩插 1

字数 266 千字

版次 2021 年 11 月第 1 版

印次 2021 年 11 月第 1 次印刷

印刷 北京盛通印刷股份有限公司

经销 全国各地新华书店

书号 ISBN 978-7-5214-2494-2

定价 68.00 元

获取新书信息、投稿、为图书纠错，请扫码联系我们。

编　委　会

李缠平　（山西省永和县卫生健康和体育局）

宋　芸　（山西农业大学）

张春红　（包头医学院）

张眉田　（山西忻州药业集团有限公司）

张鹏飞　（山西农业大学）

陈　亮　（山西农业大学）

郝玉波　（山西省武乡县上司乡农业综合服务中心）

郝玉慧　（山西省武乡县蚕果开发服务中心）

胡本祥　（陕西中医药大学）

高凤福　（山西省中药资源普查办公室）

曹亚萍　（山西农业大学）

崔芬芬　（山西农业大学）

程　蒙　（中国中医科学院中药资源中心）

滕训辉　（山西省药物培植场）

序

　　"消除贫困、改善民生、实现共同富裕，是社会主义制度的本质要求。"改革开放以来，我国大力推进扶贫开发，特别是随着《国家八七扶贫攻坚计划（1994—2000年）》和《中国农村扶贫开发纲要（2001—2010年）》的实施，扶贫事业取得了巨大成就。2013年11月，习近平总书记到湖南湘西考察时首次作出"实事求是、因地制宜、分类指导、精准扶贫"的重要指示，并强调发展产业是实现脱贫的根本之策，要把培育产业作为稳定脱贫攻坚的根本出路。

　　全国十四个集中连片特困地区基本覆盖了我国绝大部分贫困地区和深度贫困群体，一般的经济增长无法有效带动这些地区的发展，常规的扶贫手段难以奏效，扶贫开发工作任务异常艰巨。中药材广植于我国贫困地区，中药材种植是我国农村贫困人口收入的重要来源之一。国家中医药管理局开展的中药材产业扶贫情况基线调查显示，国家级贫困县和十四个集中连片特困区涉及的县中有63%以上地区具有发展中药材产业的基础，因地制宜指导和规划中药材生产实践，有助于这些地区增收脱贫的实现。

　　为落实《中药材产业扶贫行动计划（2017—2020年）》，通过发展大宗、道地药材种植、生产，带动农业转型升级，建立相对完善的中药材产业精准扶贫新模式。我和我的团队以第四次全国中药资源普查试点工作为抓手，对十四个集中连片特困区的中药材栽培、县域有发展潜力的野生中药材、民间传统特色习用中药材等的现状开展深入调研，摸清各区中药材产业扶贫行动的条件和家底。同时从药用资源分布、栽培技术、特色适宜技术、药材质量等方面系统收集、整理了适宜贫困地区种植的中药材品种百余种，并以《中国农村扶贫开发纲要（2011—2020年）》明确指出的六盘山区、秦巴山区、武陵山区、乌蒙山区、滇桂黔石漠化区、滇西边境山区、大兴安岭南麓山区、燕山－太行山区、吕梁山区、大别山区、罗霄山区等连片特困地区和已明确实施特殊政策的西藏、四省藏区（除西藏自治区以外的四川、青海、甘肃和云南四省藏族与其他民族共同聚住的民族自治地方）、新疆南疆三地州十四个集中连片特困区为单位整理成册，形成《十四个集中连片特困区中药材精准扶贫技术丛书》（以下简称《丛书》）。《丛书》有幸被列为2019年度国家出版基金资助项目。

　　《丛书》按地区分册，共14本，每本书的内容分为总论和各论两个部分，总论系统介绍各片区的自然环境、中药资源现状、中药材种植品种的筛选、相关法律政策等内容。各论介绍各个中药材品种的生产加工适宜技术。这些品种的适宜技术来源于基层，经过实践验证、简单实用，有助于经济欠发达的偏远地区和生态脆弱地区开展精准扶贫和巩固脱贫攻坚成果。书稿完成后，我们又邀请农学专家、具有中药材栽培实践经验的专家组成审稿专家组，对书中涉及的中药材病虫害防治方法、农药化肥使用方法等内容进行审定。

　　"更喜岷山千里雪，三军过后尽开颜。"希望本书的出版对十四个集中连片特困区的农户在种植中药材的实践中有一些切实的参考价值，对我国巩固脱贫攻坚成果，推进乡村振兴贡献一份力量。

2021年6月

前　言

　　《吕梁山区中药材生产加工适宜技术》为《十四个集中连片特困区中药材精准扶贫技术丛书》之一。吕梁山属于半干旱大陆性季风气候，四季分明，中高山区降水少，水土流失严重，生态脆弱，农作物产量很低，发展农林及相关种植产业生态条件较差。据全国第四次中药资源普查试点工作调查，该区域内分布着丰富的耐旱、耐贫瘠的药用植物，吕梁山区贫困区各县中药资源分布品种在700种左右。

　　为巩固脱贫攻坚成果，推进乡村振兴战略的实施，编者们围绕如何选择生态适应强、市场需求量大、经济效益好的中药材种类，以及科学规范地生产优质中药材等该区域中药材从业者关注的问题，特组织编写本书。

　　本书共分两部分，第一部分总论介绍了吕梁山区的地域范围、自然环境、经济发展以及该区域内中药资源与中药产业发展情况。第二部分为各论，分别介绍了板蓝根、柴胡、大枣、党参、甘草、核桃、黄芪、黄芩、款冬花、远志、连翘、知母、射干、丹参、花椒、苦参和蒲公英共17种中药材的生产技术。每种中药材生产技术都包括了该种中药材基原植物的特性、资源分布、生长习性、栽培技术、采收加工、药典标准、包装、贮藏、运输、药材规格等级和药用价值等内容。

　　本书适合吕梁山区及全国其他地区中药材种植户参考使用，希望本书能给广大读者带来一定帮助。鉴于编撰时间有限，书中难免有欠妥之处，敬请读者批评指正，以便进一步修订。

编　者

2021年7月

目 录

总 论

各 论

总 论

一、吕梁山区地域范围

根据《中国农村扶贫开发纲要（2011—2020年）》精神，按照"集中连片、突出重点、全国统筹、区划完整"的原则，以2007～2009年的人均县域国内生产总值、人均县域财政一般预算收入、县域农民人均纯收入等与贫困程度高度相关的指标为基本依据，考虑对革命老区、民族地区、边疆地区加大扶持力度的要求。国家在全国共划分了11个集中连片特殊困难地区，加上已明确实施特殊扶持政策的西藏、四省藏区、新疆南疆三地州，共14个片区，680个县，作为新阶段扶贫攻坚的主战场。

其中吕梁山区共计20个县，包括山西省的静乐县、神池县、五寨县、岢岚县、吉县、大宁县、隰县、永和县、汾西县、兴县、临县、石楼县、岚县；陕西省的横山区、绥德县、米脂县、佳县、吴堡县、清涧县、子洲县。

二、吕梁山区自然环境

吕梁山属于半干旱大陆性季风气候，四季分明。春季干燥，雨少风多；夏季炎热，雨量集中；秋季凉爽，气候宜人；冬季寒冷，降雪偏少。吕梁山气候寒冷，生长期短，水热资源分布不协调，中高山区降水少，水土流失严重，植被贫乏，生态脆弱，农作物产量很低，发展农林及相关种植产业生态条件较差。

吕梁山区总面积为3.6万平方公里，地处黄土高原中东部，西接毛乌素沙地，东跨吕梁山主脉，黄河干流从北到南纵贯而过。地貌类型以梁、峁为主，沟壑纵横，属典型的黄土丘陵沟壑区。无霜期144～213天，年均降水量374～550毫米，年均蒸发量1029～2150毫米。森林覆盖率为18.5%。煤炭、煤层气、岩盐、铁等矿产资源丰富。

三、吕梁山区中药资源分布特点

吕梁山区由于气候、土壤、植被的因素影响，药用动植物分布品种数量不及我国南部其他区域多，但由于吕梁山区小区域地貌差异，沟壑纵横，地域辽阔，阳光充足，野生中药材资源分布处于全国中等水平，家种家养中药材相对全国平均水平集中度偏低，中药材资源基础呈现以下特点。

（1）受气候与植被类型影响，吕梁山区中药资源分布以适宜黄土丘陵生长的喜旱、耐贫瘠的草本植物类、灌木类物种为主，生产的中药材主要以根及根茎类、果实种子类为多。如黄芪、甘草、远志、柴胡、大枣、核桃、酸枣、沙棘、山桃仁、山杏仁、香加皮、麻黄、茵陈、薤白等（详见附录1：吕梁山区家种家养、野生中药材主要品种名录）。

（2）吕梁山区是黄河流域中华文明发祥地之一，也是中医药文化的发祥地之一，吕梁山区采集、生产、加工中药材有悠久的传统，而且吕梁山区分布的中药材多为中医治疗的常用中药，在中药处方中使用量大、频率高，如黄芪、党参、甘草、地黄、柴胡、黄芩、连翘等。

（3）受气候干燥、降雨量低等自然环境因素影响，吕梁山区生产的植物类中药材无论是根茎类、全草类，还是果实种子类，鲜品含水量都比较低，有效成分含量较高，品质上乘。

（4）吕梁山区各县中药资源分布品种在700种左右。据全国第四次中药资源普查试点工作调查，位于吕梁山区腹地的山西省永和县共有中药材资源701种。其中药用菌藻类18种，药用高等植物554种，药用动物108种，药用矿物及其他药材21种（详见附录2：全国第四次中药资源普查永和县中药资源名录）。历史上有种植记载的中药材58种，有养殖记载的动物类中药材8种。永和县的中药资源分布情况基本代表吕梁山区中药资源分布特点。

四、吕梁山区中药产业发展的重点

吕梁山区沟壑纵横，地多人少，交通不便，水资源缺乏；工业生产基础薄弱；农业生产机械化程度低，生产成本高。中药产业作为吕梁山区振兴乡村经济的重要举措，结合当地的实际情况，应当重点考虑以下几点因素。

（1）因地制宜，在制约吕梁山区经济发展的自然环境劣势中提取中药产业发展优势因子。中药产业的发展离不开自然环境，吕梁山区干旱少雨的气候、地广人稀的环境以及远离城市的交通对于工业产业发展是劣势，但对于中药材生产，特别是适宜干旱条件下生长的野生中药材生产，却是很大的优势。

随着中药材野生资源逐渐减少，种植品种逐渐增加，中药材生长年限问题、有效成分含量问题、农残问题逐步显现，中药材市场追求高品质野生品的趋势日渐高涨。而吕梁山广袤的土地资源，远离工业污染的环境就成为适宜干旱环境中生长野生、仿野生高品质中药材的有利条件。充分利用吕梁山区的独特自然环境，抓住适宜生产的重点中药材品种，在野生、仿野生、生长年限长、品质高的中药材产品上做文章，是吕梁山区中药产业个性化发展的基础。

（2）科学选择适宜吕梁山区发展的中药材种植品种及产业链区段。据全国第四次中药资源普查，吕梁山区中药材可种植品种有60余种。引导农民种植什么品种，不能盲目，必须有一个科学的论证。选择道地、大宗、特色的中药材品种发展是中药产业提高经济效益的前提。

中药材产业链从种植到收获、产地加工属于农业管理范畴；从原药材到中药饮片、中成药、中药保健品产品生产属于工业管理范畴；从中药商品到医疗保健开发利用又属于健康医疗事业管理范畴。每一个中药材品种因其生产规模和产品使用的不同，又具有不同长度的产业链。鉴于吕梁山区的社会经济条件，目前还不完全具备高端产业链发展的基础。中药产业振兴乡村经济必须选择最契合当地发展的产业链区段，作为重点项目给予扶持。防止贪大求洋、贪大求全，避免盲目投资。

（3）打造吕梁山优势中药材的质量品牌，以优质定位中药材市场与价格。好酒也怕巷子深，假如吕梁山区中药材产业发展定位于野生、仿野生、长年限、高品质，加之吕梁山区交通不便，不利于机械化作业，那么同种中药材生产成本必然远远高于其他中药材产区。必须加强吕梁山区重点中药材品种的基础研究，分析中药材内在品质，打造吕梁山优势中药材的质量品牌，以吕梁山中药材产品的优质选择定位市场与价格。

（4）合理制定吕梁山区中药材产业发展长期规划。中药材产业的发展不是盲目的、短暂的。长期、稳定、有序的中药材产业推进，可以积累管理经验、积淀文化内涵、提高科技水平、提升品牌效益，对于一个区域、一个品种的中药产业发展具有重要的意义。

中药材产业是吕梁山区振兴乡村经济的长远选项之一，那么，吕梁山区的中药材种植发展就要打破为种植而种植的形式主义，要树立为发展而种植的科学发展观。要在国家健康产业发展的大背景下，结合吕梁山区的气象土壤条件、生态区划环境、技术基础、品种品质、劳动力、经济状况、产业基础、市场渠道与需求等因素，以吕梁山区各县连片区划为纽带、道地中药材为核心，分区域、分品种制定中药材产业中长期发展规划。

五、吕梁山区重点中药材市场分析

中药材市场是中药材种植发展的基础，支撑中药材产品进入中药材市场的基点是中药材的质量与价格。改革开放以来，中药材实行市场经济，价格受市场供求走向而波动。预测一个品种的市场走向与价格趋势需要考量很多因素，目前中药材市场上研究中药材价格走向的专业人士不少，虽多数依赖于经验，但对于中药材产品价格一些规律性趋势，值得吕梁山区发展中药产业借鉴。

（1）野生中药材产品走俏，价格上扬。吕梁山区野生中药材品种好，资源逐步减少，40年来产品畅销，价格上涨（表1）。

表1　吕梁山区重点中药材品种市场价格走向调查简表
（2018年6月10日调查于安国中药材市场）

品名	规格	单位	药材市场销售价格（元）		
			1978年	1998年	2018年
黄芪（野生）	个统	千克	3	30	140
黄芪（家种）	个统	千克	1	10	17
远志（野生）	筒	千克	3.5	22	110
远志（家种）	筒	千克	—	30	110
柴胡（野生）	个统	千克	3	18	78
柴胡（家种）	个统	千克	—	15	68
黄芩（野生）	个统	千克	1.2	8	32
黄芩（家种）	个统	千克	—	7	20
甘草（野生）	条草	千克	1.8	8	42
甘草（家种）	条草	千克	—	5	15
山桃仁（野生）	统	千克	2	16	57
山杏仁（野生）	统	千克	1.5	8	22
酸枣仁（野生）	统	千克	7	45	180
猪苓（野生）	统	千克	3	40	95
连翘（野生）	统	千克	1.8	13	44

（2）中药材以质论价趋向加速。道地药材、野生药材近年来与普通药材、家种药材的价格优势明显拉大。

（3）中药材质量门槛越来越高。随着中药材市场发展和中药材质量意识提高，中药材的质量监测项目越来越多，质量门槛不断提高。仅从《中国药典》对于中药材质量鉴别来讲，质量监测内容不断增加与完善（表2）。

表2 历版《中国药典》中药材质量鉴定项目简表

颁布版本	主要鉴定方法
1953年版	性状鉴别
1963年版	性状鉴别
1977年版	性状鉴别、显微鉴别
1985年版	性状鉴别、显微鉴别、对照品薄层鉴别（TLC）
1990年版	性状鉴别、显微鉴别、对照品薄层鉴别、色谱含量测定
1995年版	性状鉴别、显微鉴别、对照品薄层鉴别、色谱含量测定
2000年版	性状鉴别、显微鉴别、对照品薄层鉴别、色谱含量测定
2005年版	性状鉴别、显微鉴别、对照品薄层鉴别、色谱含量测定、有害元素检查（重金属、农药残留量）
2010年版	性状鉴别、显微鉴别、对照品薄层鉴别、色谱含量测定、有害元素检查（重金属、农药残留量）、液相含量测定、活性成分测定
2015年版	性状鉴别、显微鉴别、对照品薄层鉴别、色谱含量测定、有害元素检查（重金属、农药残留量）、液相含量测定、活性成分测定、特征成分测定、指纹图谱
2020年版	性状鉴别、显微鉴别、对照品薄层鉴别、色谱含量测定、有害元素检查（重金属、农药残留量）、液相含量测定、活性成分测定、特征成分测定、指纹图谱、聚合酶链式反应（PCR）法

六、吕梁山区中药农业技术管理简述

中药材种植虽然属于农业种植，但由于品种来源不同，追求结果不同，产品规格不同，在种植技术与产地加工上与一般农作物种植有较大差异。中药材产品属于可以食用的农产品，其在农药、化肥等使用方面必须符合食用农产品的规定要求。

1. 种植技术

中药材种植技术因品种不同而差异较大。草本中药材大部分属于近代野生变家种的驯化品种，比农作物对气候、土壤、水分条件的要求更苛刻。比如黄芩、柴胡、远志，初次种植时往往会因下种过深导致出苗困难。又如，柴胡、党参幼苗纤细喜阴，种植后需要遮阴保湿，否则小苗容易被阳光晒干死亡。中药材种植很多方面的独特技术是药农在长期种植实践中探索出来的，需要特别注意，稍不到位就会导致种植失败。关于各品种种植技术的了解详见各论部分。

2. 病虫害调查与防治

吕梁山区原有中药材种植受气候、地理、种植历史、种植面积与密度的影响，病虫害发生率较低。但随着新品种引进、种植面积增加、种植密度提高以及农作物病虫害交叉感染，中药材种植病虫害会不断发生。对于各品种病虫害的防治办法详见各论部分。

中药材属于可食用农产品，生产者必须按照食品安全标准和国家有关规定使用农药、严格执行农业投入品安全间隔期或者休药期的规定，不得使用国家明令禁止的农业投入品。禁止将剧毒、高毒农药用于中药材种植生产过程中。对于中药材种植中农药购买，严格按照我国《农药登记管理办法》执行。对于中药材生产过程中农药的使用原则，严格按照我国农业农村部《禁限用农药名录》（附录3）执行。

生产的中药材必须按照现行版本《中华人民共和国药典》所规定的中药材农药残留量检查项目进行检查，中药材的农药残留量必须符合相应规定。

3. 化肥使用与注意事项

中药材种植对于肥料使用的要求与其他食用农产品一致。为了提高中药材品质与质量，鼓励在中药材生产中使用农家肥、有机肥，鼓励中药材基地开展有机认证。对于中药材生产过程中化肥的选择与使用，参照各论部分，并严格按照我国《农业肥料登记管理办法》的有关规定执行。

4. 中药材种植与产地加工注意事项

一般农副产品的质量主要追求产量与口味，中药材产品质量主要追求有效成分含量。一种中药材有效成分含量的高低与采收季节、加工方法有直接关系。重视采收时间，规范产地加工方法是中药材品质保证的重要途径。

（1）中药材采收时间　中药采收时间一般遵循的规律是：根及根茎类药材于秋季地上部分枯萎后采收；全草及叶类中药材在生长旺盛花蕾期或花盛期采收；花类中药材在花含苞待放时采收；根皮或树皮类中药材在春夏之交树木生长旺盛时采收；果实、种子类药材在果实、种子成熟后采收。但每一种中药材都有其个体生长特性，具体采收时间与方法详见各论部分。

（2）中药材产地加工　中药材产地加工包括中药材采收以后的干燥、去杂、分级、修整、特制、成型与包装等环节，是中药材从鲜品到成品的技术加工生产过程。

①干燥：根及根茎类药材一般采收后去净泥土杂质，剪去须根与芦头，按大小分类，

及时晒干或烘干，特殊品种需要煮制或蒸制后干燥，也有的品种需要趁鲜去皮或切制。皮类药材有的需要趁鲜切制干燥或采取"水烫""发汗"干燥。全草类、花类中药材为了保持色泽鲜艳采集后多采取阴干或烘干。果实、种子类中药材一般采集后直接晒干或烘干。

目前，国家已经制定了相应的中药材含硫量检测标准。历史上部分中药材有用硫黄熏蒸干燥的方法已被禁止。部分中药材品种过去习惯用烟煤烘烤干燥，也容易引起中药材含硫量超标，必须引起注意。

②去杂：中药材收获以后，在干燥过程中一定要确定非药用部分和杂质。芦头、泥沙和其他杂质往往是影响后期中药材质量的主要原因，必须在产地加工中引起重视。

③分级：去净杂质的干燥中药材，按照传统习惯或商品规格等级要求，分成不同的商品等级，以便市场分等论价，便于销售。

④修整：个别中药材特殊品需要在产地加工的过程中整理形成一定品相，如人参、黄芪、山药、蛤蚧、蜈蚣等。

⑤特制：个别中药材需要在产地加工中进行特殊处理，如"火燎升麻""棒打苍术"等。

⑥成型与包装：中药材经过干燥、去杂、分级等环节后基本成型，按照一定规格习惯或包装设计，最后打包成型成为中药材商品，供应市场。

中药材产地加工因品种不同而各有差异，具体品种的加工方法详见各论。

各 论

板蓝根

ban lan gen

本品为十字花科植物菘蓝*Isatis indigotica* Fort.的干燥根，其干燥叶为大青叶。别名：靛青根，蓝靛根，靛根，大蓝根，大青根，马蓝根，菘蓝根等。

一、植物特征

二年生草本。主根长20～50厘米，直径1～2.5厘米，外皮浅黄棕色。茎直立，高30～70厘米，也有长到100厘米以上的。干时茎叶呈蓝色或黑绿色。根茎粗壮，断面呈蓝色。地上茎基部稍木质化，略带方形，稍分枝，节膨大，幼时背部有褐色微毛。叶对生；叶柄长1～4厘米；叶片倒卵状椭圆形或卵状椭圆形，长6～15厘米，宽4～8厘米；先端急尖，微钝头，基部渐狭细，边缘有浅锯齿或波状齿或全缘，上面无毛，有稠密狭细的钟乳线条，下面有时脉上稍生褐色微软毛，侧脉5～6对。花无梗，成疏生的穗状花序，顶生或腋生；苞片叶状，狭倒卵形，早落；花萼裂片5，条形，长1～1.4厘米，通常1片较大，呈匙形，无毛；花冠漏斗状，淡紫色，长5～5.5厘米，5裂近相等，长6～7毫米，先端微凹；雄蕊4，2强，花粉椭圆形，有带条，带条上具2条波形的脊；子房上位，花柱细长。蒴果为稍狭的匙形，长1.5～2厘米。种子4颗，有微毛。花期4～5月，果期6～8月。（图1，图2）

二、资源分布概况

菘蓝由于适应性强，分布区域较广，在全国各地均有种植，例如内蒙古、陕西、甘肃、河北、山东、江苏、浙江、安徽、贵州等地均有种植。菘蓝产量和质量相对比较稳定，种植面积主要取决于临床用量，进而导致药材价格波动较大，造成菘蓝地理分布发生变迁。现主要分布于经济作物种类较少的地区，例如黑龙江大庆市和齐齐哈尔、山东济南和沂源、山西太原、河北安国、新疆、内蒙古以及甘肃民乐、定西、甘南等地均有种植。

菘蓝为山西省大宗药材之一。于20世纪70年代初从河北安国引入，种植历史记录为1971年，面积30亩。历史最高年收购量为1979年的9.5万千克。到1992年年产量达到147.3万千克，位居全国第三，种植区域包括运城市、晋城市、临汾市和晋中市的大部分县市。

图1 菘蓝

图2 菘蓝根形态特征

目前山西省板蓝根的种植面积在5000亩左右，年产在150万千克左右，在市场上占有一定的地位。

三、生长习性

菘蓝对气候的适应性很广，喜温暖潮湿、阳光充足的气候环境，较耐寒，怕水涝，喜阴凉。菘蓝是耐肥、喜肥性较强的草本植物，但对土壤要求不严，一般夹沙土或微碱性的土壤均可种植。地势低洼，易积水、黏重的土地，不宜种植。菘蓝种植一般半年到一年即可收获，也可根据市场需求来收获，以一年生的品质较好。种子在温度16～21℃且有足够的湿度时，播种后约5天出苗。用种量22～30千克/公顷，在8月上、中旬播种，当年只能形成叶簇，呈莲座状越冬。翌年3月开始抽薹、现蕾，4月开花，6月果实相继成熟，全生育周期9～11个月。

四、栽培技术

1. 种植材料

菘蓝只采用种子繁殖。菘蓝采用种子播种后当年并不抽薹开花，采种要在第二年进行。因此菘蓝种子繁殖材料一般为一年生肥大肉质根系。菘蓝种子生产一般采用两种方式：一是选用头年生长健壮、无病虫害、肥大肉质的菘蓝根系，于第二年移栽于土壤肥沃、光照充足的大田间，5月中旬后开花结籽，即可获得种子；二是一年生菘蓝采收最后一次大青叶后不挖根，田间越冬，次年返青出苗，4～5月开花结籽，6～7月种子成熟，采集晾干，留作次年用种。

2. 选地与整地

菘蓝是一种深根系药用植物，喜温凉环境，耐寒冷，怕涝。应选择地势平坦、土层深厚、土壤肥沃、排水良好、含腐殖质丰富的沙质土壤或轻壤土地块种植。前茬以豆类、马铃薯、玉米或油料等作物为佳。前茬作物收获后，及时深耕晒垡，熟化土壤，纳雨保墒。播前深翻20～30厘米，沙地可稍浅些，打碎土块，耙糖平整，做成宽1.5～2.0米，高20厘米的平畦。结合做畦一次性基施腐熟农家肥15 000～22 500千克/公顷、磷酸二铵750～900千克/公顷、尿素150～225千克/公顷。（图3）

图3　菘蓝选地与整地

3. 播种

菘蓝种子因长期存放导致含水量较低，生理活动非常微弱，处于休眠状态。为了打破休眠，播种前需进行浸种催芽处理，其方法是先用30℃温水浸泡种子4～5小时，然后捞出晾干后用湿布包好，置于25～30℃条件下催芽3～4天，待70%以上种子露白后即可播种。播种时期分春播和秋播。春播在4月上中旬；秋播在8月下旬至9月上旬，幼苗在田间越冬，第2年的田间管理与春播相同。春秋播播种方法基本相同，只是秋播在结冻前灌1次水，以保护幼苗越冬。播种方法有条播和撒播，条播时先采用锄头开沟，沟深3厘米，将种子沿沟底均匀撒入，然后覆土，其厚度与沟持平，用脚踩1遍，或用碌子轻压1遍。撒播时将种子均匀撒在畦面，然后在畦面覆盖1～2厘米厚的细土，镇压，灌水。两种播种方式播种量相同，22～30千克/公顷，当气温保持在18～20℃情况下，7天即可出苗。

4. 田间管理

（1）间苗定苗　根据幼苗生长状况，于苗高3～4厘米时间苗，补齐缺株，定苗时株距5～10厘米。该阶段要注意保持土壤湿润，以促进养分吸收。

（2）中耕除草　由于杂草与菘蓝同时生长，齐苗后应及时中耕除草。当苗高6～7厘米时进行第一次中耕除草，10厘米时进行第二次中耕除草，以后根据杂草生长情况可用手拔除。

（3）追肥　在第一次和第二次收割大青叶后可追施腐熟农家肥12 000～15 000千克/公

顷，或尿素45~60千克/公顷，以促进根和叶的生长。切忌施用碳酸氢铵，以免烧伤叶片。

（4）灌溉与排水　菘蓝生长前期水分不宜太多，以促进根部向下生长。7~9月份雨量较多时，可将畦间沟加深，大田四周加开深沟，以利于及时排水，避免烂根。菘蓝生长期间如遇较长时间干旱，则需在早晚进行补灌。切忌在白天温度高时灌水，以免高温灼伤叶片，影响植株生长。

5. 病虫害防治

（1）菌核病　一般在4月中旬发病，在多雨高温的5~6月发病最重。偏施氮肥、排水不良、管理粗放、雨后积水等均有利于发病。发病时基部叶片首先发病，病斑处呈水渍状，后为青褐色，最后腐烂。茎秆受害后，布满白色菌丝，皮层软腐，茎秆表面和叶上可见黑色不规则的鼠粪状菌核，使整枝变白倒伏枯死。

防治方法　水旱轮作或与禾本科作物轮作，避免与十字花科作物轮作；增施磷、钾肥，提高植株抗病力；开沟排水，降低田间湿度。发病初期用65%代森锌500~600倍液喷雾，每隔7天喷一次，连续2~3次。

（2）白锈病　一般在4月中旬至5月发生，危害时间较短。患病叶面出现黄绿色小斑点，叶背长出一隆起的白色脓包状斑点，破裂后散出白色粉末状物，叶片畸形，后期枯死。

防治方法　清除田间植株残体，减少越冬菌源；实行轮作；雨后及时通沟排水，降低田间湿度；发病初期喷洒波尔多液（1：1：120），每隔7天喷一次，连续2~3次。

（3）根腐病　一般在5月中下旬开始发生，6~7月为盛期。田间湿度大、气温高为该病发生的主要因素。发病后根部呈黑褐色，向上蔓延可达茎及叶柄，随后根的髓部也变成黑褐色，最后整个主根部分变成黑褐色的皮壳，皮壳内呈现乱麻状的木质化纤维。（图4）

防治方法　选择地势略高、排水畅通的地块种植；采用75%百菌清可湿性粉剂600倍液或70%敌可松1000倍液进行喷药防治。

（4）霜霉病　该病危害叶部，在叶背面产生白色或灰白色霉状物，无明显病斑，严重时叶片枯死。

防治方法　以农业防治为主，与禾本科、豆科植物合理轮作，合理密植，改善通风透光条件，发现病叶病株及时清除带出田外，集中深埋。也可用50%退菌特1000倍液或65%代森锌500倍液喷雾防治。

（5）菜粉蝶　翅为白色，幼虫称菜青虫。菜粉蝶幼虫身体背面青绿色，咬食叶片，造成孔洞或缺刻，严重时仅残留叶脉和叶柄（图5）。每年能发生多代，以5、6月第一、第二代发生最多，危害最为严重。

图4　菘蓝根腐病

图5　菘蓝菜青虫

　　防治方法　可用苏云金芽孢杆菌可湿性粉剂500～800倍液、90%敌百虫800倍液或10%杀灭菊酯乳油2000～3000倍液喷雾。

　　（6）蚜虫　蚜虫是菘蓝常见害虫。危害后植株严重缩水卷缩，扭曲变黄，大大降低了菘蓝的产量和药用价值。同时，蚜虫还是多种病毒病的传播者。蚜虫一般在3月份开始活动，春秋两季危害最重，如果遇上秋旱极易发生蚜虫。

　　防治方法　合理规划土地，种植菘蓝的地块应尽量选择远离十字花科植物栽培地以及桃、李果园，以减少蚜虫迁入。消除田间杂草，结合中耕打去老叶和黄叶，间去病虫苗，带出田外及时销毁。蚜虫多着生在菘蓝的心叶及叶背皱缩处，药剂难以全面喷到，要求在喷药时尽量周到细致。一般用40%氰戊菊酯6000倍液、10%吡虫啉可湿性粉剂1500～2500倍液喷雾。

五、采收加工

1. 采收

（1）大青叶采收　春播菘蓝每年可收割大青叶1～2次，以第1次采收的质量最好。第1次收割时间在8月下旬，第2次收割与收根同时进行（图6）。收割大青叶时应选择晴天收割，这样既有利于植株重新生长，又有利于大青叶的晾晒，可以获取高质量的大青叶。避免在伏天高温季节收割大青叶，以免引发病变造成成片死亡。收割方法：一是贴地面割去芦头的一部分，此法新叶重新生长迟，易烂根，但发棵大；二是离地面3厘米处割去，这样不会损伤芦头，新叶生长较快。大青叶收获后要立即晒干，不可堆放在一起，以免发黑变质。

图6　大青叶成熟期

（2）板蓝根采收　根据菘蓝药效成分的高低，适时采收。实验证明：12月份的含量最高，因此，在初霜后的12月中下旬采收，可获取药效成分含量高、质量好的药材。故这段时间选择晴天，进行菘蓝的采收。先割去叶片（免伤芦头），然后用锹或镐深刨，一株一株挖起，注意不要将根挖断，以免降低外观质量。

2. 加工

挖取的菘蓝，去净泥土、芦头和茎叶，摊在芦席上晒至7～8成干，扎成小捆，再晒至全干，打包后装麻袋贮藏（图7）。以根长直、粗壮、坚实、粉性足者为佳。大青叶的加工，通常晒干包装即成。以叶大、少破碎、干净、色墨绿、无霉味者为佳。

图7 板蓝根加工

六、药典标准

（一）板蓝根

1. 药材性状

本品呈圆柱形，稍扭曲，长10～20厘米，直径0.5～1厘米。表面淡灰黄色或淡棕黄色，有纵皱纹、横长皮孔样突起及支根痕。根头略膨大，可见暗绿色或暗棕色轮状排列的叶柄残基和密集的疣状突起。体实，质略软，断面皮部黄白色，木部黄色。气微，味微甜后苦涩。

2. 鉴别

本品横切面：木栓层为数列细胞。栓内层狭。韧皮部宽广，射线明显。形成层成环。木质部导管黄色，类圆形，直径约至80微米；有木纤维束。薄壁细胞含淀粉粒。

3. 检查

（1）水分　不得过15.0%。

（2）总灰分　不得过9.0%。

（3）酸不溶性灰分　不得过2.0%。

4. 浸出物

照醇溶性浸出物测定法项下的热浸法测定，用45%乙醇作溶剂，不得少于25.0%。

（二）大青叶

1. 药材性状

本品多皱缩卷曲，有的破碎。完整叶片展平后呈长椭圆形至长圆状倒披针形，长5～20厘米，宽2～6厘米；上表面暗灰绿色，有的可见色较深稍突起的小点；先端钝，全缘或微波状，基部狭窄下延至叶柄呈翼状；叶柄长4～10厘米，淡棕黄色。质脆。气微，味微酸、苦、涩。

2. 鉴别

本品粉末绿褐色。下表皮细胞垂周壁稍弯曲，略成连珠状增厚；气孔不等式，副卫细胞3～4个。叶肉组织分化不明显；叶肉细胞中含蓝色细小颗粒状物，亦含橙皮苷样结晶。

3. 检查

水分不得过13.0%。

4. 浸出物

照醇溶性浸出物测定法项下的热浸法测定，用乙醇作溶剂，不得少于16.0%。

七、仓储运输

1. 包装

菘蓝和大青叶在包装前应再次检查是否充分干燥，并清除劣质品及异物。所使用的包装材料为麻袋或无毒聚氯乙烯袋，袋的大小可根据购货商的要求而定。每件包装上应注明品名、规格、产地、批号、包装日期、生产单位，并附有质量合格的标志。

2. 仓储

置于阴凉通风干燥处，并注意防潮、霉变、虫蛀。

3. 运输

运输工具或容器应具有较好的通气性，以保持干燥，应有防潮措施，尽可能地缩短运输时间；同时不应与其他有毒、有害、易串味物质混装。

八、药材规格等级

1. 板蓝根

（1）菘蓝选货 手工选择直径0.8厘米以上的菘蓝条重量占比不低于40%，无带芦头条，走油条重量占比不超过50%，0.5厘米以下的碎块不超过3%，无杂质及泥沙。

（2）菘蓝统货 手工选择直径0.8厘米以上的菘蓝条重量占比不低于40%，带芦头条重量占比不超过15%，走油条重量占比不超过50%，0.5厘米以下的碎块不超过10%，无杂质及泥沙。

（3）菘蓝毛统货 直径0.8厘米以上的菘蓝条重量占比不低于40%，带芦头条重量占比不超过15%，走油条重量占比不超过50%，0.5厘米以下的碎块不超过15%，杂质及泥沙不超过5%。

（4）菘蓝无硫大选段0.8 无硫加工，将菘蓝原药切为长0.5～1.0厘米的段，用孔径0.8厘米筛子筛选，直径0.8厘米以上的段重量占比不低于90%，走油片重量占比不超过2%，无0.2厘米以下灰末。

（5）菘蓝无硫片0.6 无硫加工，将菘蓝切为厚0.2～0.5厘米的片，用孔径0.6厘米的筛子筛选，直径0.6厘米以上的片重量占比不低于80%，走油片重量占比不超过2%，无0.2厘米以下灰末。

（6）菘蓝无硫中统段0.6 无硫加工，将菘蓝切为长0.5～2.0厘米的段，用孔径0.6厘米筛子筛选，直径0.6厘米以上的段重量占比不低于80%，走油片重量占比不超过2%，无0.2厘米以下灰末。

（7）菘蓝无硫小统段0.4以下 无硫加工，将菘蓝尾部较细部分切成长0.5～2.0厘米的段，直径多0.6厘米以下，走油片重量占比不超过2%，0.2厘米以下灰末重量占比不超过2%。

（8）菘蓝大选段0.8　多为有硫加工，将菘蓝切为长0.5～1.0厘米的段，用孔径0.8厘米筛子筛选，直径0.8厘米以上的段重量占比不低于90%，走油片重量占比不超过2%，无0.2厘米以下灰末。

（9）菘蓝片0.6　多为有硫加工，将菘蓝切为厚0.2～0.5厘米的片，用孔径0.6厘米的筛子筛选，直径0.6厘米以上的片重量占比不低于80%，走油片重量占比不超过2%，无0.2厘米以下灰末。

（10）菘蓝中统段0.6　多为有硫加工，菘蓝原药切为长0.5～2.0厘米的段，用孔径0.6厘米筛子筛选，直径0.6厘米以上的段重量占比不低于80%，走油片重量占比不超过2%，无0.2厘米以下灰末。

（11）菘蓝小统段0.4以下　多为有硫加工，将菘蓝尾部较细部分切成长0.5～2.0厘米的段，直径多0.6厘米以下，走油片重量占比不超过2%，0.2厘米以下灰末重量占比不超过2%。

2. 大青叶

统货。干货，以叶大、少破碎、干净、色墨绿、无霉味者为佳。

九、药用价值

（1）抗病毒作用　菘蓝有着较广谱的抗菌作用。有学者认为菘蓝抗病毒成分为糖蛋白和多糖，且分离出单一分子量的抗病毒多糖。研究结果还表明，菘蓝多糖除有直接抗病毒作用外，还可促进抗流感病毒IgG抗体的生成，可作为抗病毒疫苗的佐剂。长期以来菘蓝一直用于预防和治疗流感、流行性脑炎、肝炎、腮腺炎、丹毒、疱疹病毒等病证。

（2）抗内毒素作用　内毒素是由细菌产生的能引起恒温动物体温异常升高的致热物质。而菘蓝抗内毒素作用早在1982年就有文献报道。菘蓝注射液经鲎试验法、家兔热原检查法研究证明有抗大肠埃希菌内毒素作用，试剂与内毒素之间的凝集反应可被菘蓝注射液所抑制，证实其中确有抗内毒素活性物质存在。

（3）抗菌作用　现代药理研究结果表明，菘蓝具有显著抗菌作用，其抗菌作用并不局限于一个部位，它是通过多种有效成分、多途径地发挥协同作用而表现出抗菌功效。此外研究表明，菘蓝水浸液及其提取物对表皮葡萄球菌、八联球菌、伤寒杆菌、甲型链球菌、肺炎链球菌、流感杆菌、脑膜炎链球菌等也具有抑制作用。研究表明菘蓝的抑菌有效成分为色胺酮和一些化学结构尚未阐明的吲哚类衍生物。其中色胺酮对羊毛状小孢子菌、断发癣菌、石膏样小孢子菌、紫色癣菌、石膏样癣菌、红色癣菌、絮状表皮癣菌等7种皮肤病真菌有较强的抑菌作用，其最低抑菌浓度为5微克/毫升。由此可见菘蓝具有广谱抗菌作用。

（4）抗炎作用　菘蓝70%乙醇提取液经实验证实有抗炎作用，表现在对二甲苯致小鼠耳肿胀、角叉菜胶致大鼠足跖肿、大鼠棉球肉芽组织增生及醋酸致小鼠毛细血管通透性增加的抑制作用。

（5）对免疫系统的作用　菘蓝在抗菌抗病毒的同时还能够增强动物机体的免疫功能。实验证明菘蓝多糖对特异性、非特异性免疫、体液免疫及细胞免疫均有一定促进作用。腹腔注射菘蓝多糖（ⅡP）50毫克/千克可显著促进小鼠免疫功能，如能明显增加正常小鼠脾重、白细胞总数及淋巴细胞数，对氢化可的松（HC）所致免疫功能抑制小鼠脾指数、白细胞总数和淋巴细胞数的降低有明显对抗作用；显著增强正常及环磷酰胺所致免疫抑制小鼠的迟发型过敏反应；增强正常小鼠外周血淋巴细胞ANAE阳性百分率，并明显对抗HC所致的免疫抑制作用；促进单核巨噬细胞系统功能；明显增强抗体形成细胞功能，增加小鼠静脉注射碳粒廓清速率。

（6）抗肿瘤作用　菘蓝二酮可抑制肝癌BEL-7402细胞及卵巢癌A2780细胞的增殖，并具有诱导分化、降解低端粒酶活性的表达和逆转肿瘤细胞向正常细胞转化的能力。细胞在生长增殖受到抑制同时，伴随有端粒酶活性的下降，从分子生物学角度说明，菘蓝高级不饱和脂肪组酸可能是一种端粒酶活性抑制剂。菘蓝中的靛玉红对一般癌肿生长和扩散程度有明显的抑制作用，对肿瘤细胞生成有选择性抑制作用。有学者报道，靛玉红有抑制血液中嗜酸性粒细胞的作用，对治疗慢性粒细胞性白血病有一定作用。此外，据报道靛玉红能增强动物的单核巨噬系统的吞噬能力。单核巨噬系统在机体免疫反应中起一定的作用，故靛玉红的抗癌作用可能也与提高机体免疫能力有关。因此，菘蓝具有抑制肿瘤活性能力，在临床抗肿瘤方面有潜在价值。

（7）解热作用　发热是温热病的主要症状。菘蓝含片能降低伤寒、副伤寒三联菌苗所致家兔体温升高。以细菌内毒素为致热剂，发现菘蓝对LPS所致兔发热模型亦有良好的解热作用。

（8）抑制血小板聚集　温热病发展至一定阶段常见血小板功能亢进、内外凝血系统激活、血液流变性改变等血瘀证表现。菘蓝对二磷腺苷（ADP）诱导的家兔血小板聚集有显著抑制作用，有效成分主要为尿苷、次黄嘌呤、尿嘧啶、水杨酸等。

参考文献

[1] 中国科学院中国植物志编委会. 中国植物志: 第63卷[M]. 北京: 科学出版社, 1983.

[2] 郭巧生. 药用植物栽培学[M]. 北京: 高等教育出版社, 2006.

[3] 龙兴超, 郭宝林. 200种中药材商品电子交易规格等级标准[M]. 北京: 中国医药科技出版社, 2017.

[4] 王慧珍, 张水利. 板蓝根生产加工适宜技术[M]. 北京: 中国医药科技出版社, 2017.

[5] 肖珊珊, 金郁, 孙毓庆. 板蓝根化学成分、药理及质量控制研究进展[J]. 沈阳药科大学学报, 2003, 20（6）: 455–459.

[6] 崔树玉, 薛原, 杨建莉, 等. 板蓝根研究进展[J]. 现代中药研究与实践, 2005, 32（3）: 670–671.

[7] 王登林, 张敬君. 板蓝根栽培技术[J]. 现代农业科技, 2008（8）: 35.

[8] 杜宗绪, 刘英, 高嗣慧. 板蓝根栽培与贮藏加工新技术[M]. 北京: 中国农业出版社, 2005.

chai hu

柴 胡

本品为伞形科柴胡*Bupleurum chinense* DC.或狭叶柴胡*Bupleurum scorzonerifolium* Willd.的干燥根。按性状不同，分别习称"北柴胡"和"南柴胡"。

一、植物特征

1. 柴胡

多年生草本，高50～85厘米。主根较粗大，棕褐色，质坚硬。茎单一或数茎，表面有细纵槽纹，实心，上部多回分枝，微作"之"字形曲折。基生叶倒披针形或狭椭圆形，长4～7厘米，宽6～8毫米，顶端渐尖，基部收缩成柄，早枯落；茎中部叶倒披针形或广线状披针形，长4～12厘米，宽6～18毫米，有时达3厘米，顶端渐尖或急尖，有短芒尖头，基部收缩成叶鞘抱茎，脉7～9，叶表面鲜绿色，背面淡绿色，常有白霜；茎顶部叶同形，但更小。复伞形花序很多，花序梗细，常水平伸出，形成疏松的圆锥状；总苞片2～3，或无，甚小，狭披针形，长1～5毫米，宽0.5～1毫米，3脉，很少1或5脉；伞辐3～8，纤细，不等长，长1～3厘米；小总苞片5，披针形，长3～3.5毫米，宽0.6～1毫米，顶端尖锐，3脉，向叶背凸出；小伞直径4～6毫米，花5～10；花柄长1毫米；花直径1.2～1.8毫米；花瓣鲜黄色，上部向内折，中肋隆起，小舌片矩圆形，顶端2浅裂；花柱基深黄色，宽于子房。果广椭圆形，棕色，两侧略扁，长约3毫米，宽约2毫米，棱狭翼状，淡棕色，每棱槽油管3，很少4，合生面4条。花期9月，果期10月。（图1）

2. 狭叶柴胡

多年生草本，高30～60厘米。主根发达，圆锥形，支根稀少，深红棕色，表面略皱缩，上端有横环纹，下部有纵纹，质疏松而脆。茎单一或2～3，基部密覆叶柄残余纤维，细圆，有细纵槽纹，茎上部有多回分枝，略呈"之"字形弯曲，并成圆锥状。叶细线形，基生叶下部略收缩成叶柄，其他均无柄，叶长6～16厘米，宽2～7毫米，顶端长渐尖，基部稍变窄抱茎，质厚，稍硬挺，常对折或内卷，3～5脉，向叶背凸出，两脉间有隐约平行的细脉，叶缘白色，骨质，上部叶小，同形。伞形花序自叶腋间抽出，花序多，直径1.2～4厘米，形成较疏松的圆锥花序；伞辐（3）4～6（8），长1～2厘米，很细，弧形弯曲；总苞片1～3，极细小，针形，长1～5毫米，宽0.5～1毫米，1～3脉，有时紧贴伞辐，常早落；小伞形花序直径4～6毫米，小总苞片5，紧贴小伞，线状披针形，长2.5～4毫米，宽0.5～1毫米，细而尖锐，等于或略超过花时小伞形花序；小伞形花序有花（6）9～11（15），花柄长1～1.5毫米；花瓣黄色，舌片

1cm

图1　柴胡

几乎与花瓣的对半等长，顶端2浅裂；花柱基厚垫状，宽于子房，深黄色，柱头向两侧弯曲；子房主棱明显，表面常有白霜。果广椭圆形，长2.5毫米，宽2毫米，深褐色，棱浅褐色，粗钝凸出，油管每棱槽中5～6，合生面4～6。花期7～8月，果期8～9月。

二、资源分布概况

柴胡广泛分布于全国各地，北起内蒙古、黑龙江，南至海南岛、广东、广西和云贵高原，西连青藏高原和新疆，东达江、浙、闽和台湾，均有柴胡的分布。但它主要集中分布于东北、华北和西北地区，蕴藏量占全国的60%以上。品种以柴胡和狭叶柴胡为主。

柴胡别名北柴胡，本种分布较为广泛，产于我国东北、华北、西北、华东和华中各地，生长于向阳山坡路边、岸旁或草丛中。狭叶柴胡别名红柴胡、南柴胡、软柴胡、香柴胡，多年生草本植物。广布于我国黑龙江、吉林、辽宁、河北、山东、山西、陕西、江苏、安徽、广西及内蒙古、甘肃诸省区（图2）。生于干燥的草原及向阳山坡上，灌木林边缘，海拔160～2250米。

图2　山西绛县北柴胡基地

三、生长习性

柴胡主产于我国北方大部分地区，对气候适应性较强，分布较广，能耐寒，喜温暖，怕水涝。生产基地选择范围较宽，能在黑龙江–40℃，冻土层厚达2米以上的地区安全越冬，也能在江南热带地区良好生长。

柴胡对土壤的适应范围较广，耐肥性较强，疏松肥沃和深厚的土层是生长发育的必要条件。柴胡在疏松肥沃、排水良好的砂质壤土中生长，产品质量更好，产量也更高。宜选择地势平坦、灌溉方便、排水良好、含腐殖质较多、有机质含量较高且疏松肥沃的壤土或砂质壤土。

柴胡是喜光喜温植物，生长发育期间，需要有较足够的光照和较强的光照条件。光照不足，将会使柴胡生育期延长。柴胡种子发芽时需要有充足的水分。在全生育期中，不遇严重干旱，一般不需要浇水。生长期怕洪涝积水，遇涝要及时排出。其种子发芽需要最低温度为10～15℃，在15～25℃条件下萌发良好，最适温度为18～23℃，最高温度为28～30℃，30℃以上高温抑制种子发芽。在选择地块的时候，以向阳、阳光充足的地块为宜。

四、栽培技术

1. 选地与整地

育苗地宜选土层深厚、疏松肥沃、排灌方便、背风向阳、地势平坦的砂质壤土或轻质壤土，土壤pH 6.5～7.5或偏酸性土壤为佳。地块选好后要施入充分腐熟的农家肥作底肥，每亩施入磷酸二铵10千克。深耕20～25厘米，然后做畦，畦宽1.2～1.5米，畦长视土地平度而宜，畦埂高20厘米。

直播地的地块选定后，深耕25厘米以上，结合施入优质、腐熟农家肥。以秋深耕为佳，冬前进行耙耱保墒。套种柴胡的前作物，播种前一定要深耕、多施肥，因套种柴胡不能深耕和施底肥，可利用前作深耕的耕作后效和肥效，来满足柴胡生长发育对土壤环境和养分的需求。在施肥方面必须做到一茬作物两茬用。

2. 播种

（1）种子处理　柴胡种子出苗率低，用药剂处理种子，可以有效地提高种子出苗率。用0.8%～1.0%高锰酸钾水溶液浸种10分钟，可提高出苗率15.4%；无药剂的也可用沙藏处理，将种子用30～40℃温水浸种1天，除去水面秕子，将1份种子与3份湿沙混合，在20～25℃条件下催芽，7～10天，当部分种子裂口后，将种子与湿沙一同播入土中。也可温汤浸种，将种子用30～40℃温水浸种48小时，使种子充分吸水后，捞出种子控干表面水分，将种子均匀播入土中。可根据具体情况而定，也可用未处理的新种子下种，一般发芽率为43%～50%，种子发芽率低于50%的要加大播种量。（图3）

1cm

图3 柴胡种子

（2）播种时期

①春播：当土壤表层温度稳定在10℃以上，或土壤解冻达10厘米以上，即可进行播种。在春旱严重，或没有水利条件的干旱地区，一般不宜春播。

②夏播：又称雨季播种。在春旱或无水利条件的地区，实行夏播是解决土壤水分不足的有效方法。夏播又是柴胡主产区的主要播种形式。有些地区往往会出现伏旱，旱地柴胡夏播没有保证，可改为早秋播。在生育期短的地区宜夏播。

③秋播：秋播宜早不宜迟，一般在立秋前后的8月上旬，播种后当年即可出苗，秋播期在干旱或半干旱地区同样也是柴胡的最适宜播种期。在生育期长的地区宜秋播。

④冬播：冬播宜选用当年秋季收获的新种子，播种时间一般在10月下旬至11月上旬，只要是土壤未上冻均可播种。冬播一般采用套种，与小麦等越冬作物套种，翌年出苗。

（3）播种方法

①移栽：培育1年于当年秋末或翌年早春移栽，按行距20厘米开沟，沟深10厘米以上，按株距5～10厘米放苗，保证每亩栽苗3万株以上，然后覆土，芦头上盖土3厘米以上，有水利条件的应浇定根水，无水利条件的旱地宜在头年秋末进行移栽。

②直播：以条播为主，行距20～25厘米，开沟2～3厘米。将种子均匀撒入沟内，或用滚筒将种子滚入沟内，每亩播量2千克以上，播后覆土1.0～1.5厘米，然后踩实，或镇压提墒，再盖草保湿。

3. 田间管理

（1）间苗与补苗 育苗地一般两周后可出苗，苗高5～10厘米时，要适当进行疏苗，以180～200株/平方米留苗为宜；生产田中苗高5～7厘米时进行定苗，以50株/平方米留苗为宜。（图4）

（2）中耕培土 出苗后及时中耕除草，保持畦面清洁，严防草荒。另外，柴胡地上部分茎秆较细弱，遇风雨易倒伏，因此需要控茎，注意根部培土。

（3）施肥灌溉与排水 苗期管理宜以培育壮苗为主，结合中耕施人粪尿，长到第2年配合施过磷酸钙15千克/亩、硫酸钾10千克/亩。在摘心后要及时追肥浇水，追肥以尿素为主，用量10千克/亩，结合浇水施入。施肥都要开沟施肥，施后盖土，并及时中耕，做好排灌工作。

为了保证翌年春季返青有足够的土壤水分，于封冻前浇一次越冬水，对柴胡根系发育和生长十分有利。育苗田同样浇一次封冻水越冬。雨涝注意及时排水，防止地面积水，否则易引发根腐病。

（4）摘花打顶　当部分花蕾开始出现时，植株生长在30厘米以上时，开始打顶，分2～3次进行打顶，增产效果明显，一般增产在30%以上。

图4　柴胡苗

4. 病虫害防治

（1）病害

①根腐病：多发生在高温多雨季节。发病初期，只是个别支根和须根变褐腐烂，后逐渐向主根扩展，至全部腐烂，只剩下外表皮。最后植株成片枯死。

防治方法　选择抗病的品种；轮作倒茬，防止因连作引起病原菌的积累；田间发现病株时及时拔除并销毁，减少病菌的进一步扩散；合理控制栽培密度，加强通风透气，防积水；药剂防治：在5～8月份病害高发期用苯醚甲环唑或恶霉灵、多菌灵灌根或喷雾处理（药剂使用请慎重，先试用，防止药害发生）；合理施肥：从预防柴胡根腐病的角度，在第二年拔节前应多施磷肥，适量施用氮钾肥。

②斑枯病：发病部位为叶片。叶片上初期产生暗褐色直径为3～5毫米的圆形、近圆形病斑，后中央变为灰白色，边缘褐色，斑上密生小黑点。严重时叶片枯死。（图5）

图5　柴胡斑枯病

防治方法 轮作，合理密植，通风透光；清除病残体并深埋或烧毁；发病初期用50%多菌灵可湿性粉剂800倍液，或40%灭病威可湿性粉剂500倍液叶面喷洒，每7～10天喷1次。

③锈病：发病部位为叶片，初期叶片正面产生浅黄色小斑点，周围有黄色晕圈。相应背面出现浅红褐色稍隆起小疱斑，后表皮破裂，散出橙黄色粉末（夏孢子），严重时叶片干枯。产生冬孢子。

防治方法 彻底清除病残落叶深埋或烧毁，早春地面用2°～3°石硫合剂消毒；发病初用0.2°～0.3°石硫合剂或40%硫胶悬剂400倍液，20%粉锈宁可湿性粉剂1000倍液，97%敌锈钠可湿性粉剂300倍液，70%艾菌托可湿性粉剂800倍液叶面喷洒，每10天喷1次，连喷2～3次。

（2）虫害

①地下害虫：播种前结合整地，每亩喷施甲敌粉2千克或辛硫磷颗粒剂1∶10细土混合撒施，防治地下害虫。在6月份生长旺季，每亩喷施乐果乳油800倍液或功夫乳油600倍液，防治虫害。

②蚜虫：多发生在苗期和开花季节，危害叶片和花朵，常聚集在嫩叶上吸食汁液。用40%的乐果800～1500倍液，或敌杀死800～1500倍液，或速灭杀丁800～1500倍液喷洒。

③赤条椿象（臭屁虫）：6～8月靠一根吸管吸取嫩枝、叶柄、花蕾的汁液，使植株生长不良。除人工捕捉外，用90%敌百虫800倍液喷洒。

五、采收加工

1. 种子采收与留种技术

待顶部花序果实颜色变黄后带株采收，置于阴凉处两周后阴干脱粒，种子应在阴凉通风干燥处贮藏，且当年采收的种子仅可用于次年播种，隔年种子不可再用于生产。

柴胡于第2年和第3年生长最为健壮，第4年后生长能力开始下降。因此，作种用的柴胡种子，以二、三年生的为佳，留种田种植应适当稀一些，每亩留苗应在5万株以下为好。8月份后种子逐渐成熟，当大部分种子成熟后，割取地上部分，运回脱粒，去除杂质和瘪子，晒干后放通风干燥处贮藏。

2. 药材采收与加工技术

柴胡宜于播种后2~3年采挖。一般于秋季植株枯萎后，或早春萌芽前挖取地下根条。挖出后抖去泥土，除去茎叶，晒干即成。然后按茎粗0.5厘米以上、0.2~0.5厘米、0.2厘米以下3个等级捆成小捆出售。如提取柴胡油，宜阴干。一般二年生柴胡每亩产70~120千克，三年生的每亩产120~200千克，折干率1：（2.5~3.0）。商品安全水分9%~12%。

六、药典标准

1. 药材性状

（1）北柴胡　呈圆柱形或长圆锥形，长6~15厘米，直径0.3~0.8厘米。根头膨大，顶端残留3~15个茎基或短纤维状叶基，下部分枝。表面黑褐色或浅棕色，具纵皱纹、支根痕及皮孔。质硬而韧，不易折断，断面显纤维性，皮部浅棕色，木部黄白色。气微香，味微苦。

（2）南柴胡　根较细，圆锥形，顶端有多数细毛状枯叶纤维，下部多不分枝或稍分枝。表面红棕色或黑棕色，靠近根头处多具细密环纹。质稍软，易折断，断面略平坦，不显纤维性。具败油气。

2. 检查

（1）水分　不得过10.0%。

（2）总灰分　不得过8.0%。

（3）酸不溶性灰分　不得过3.0%。

3. 浸出物

照醇溶性浸出物测定法项下的热浸法测定，用乙醇作溶剂，不得少于11.0%。

七、仓储运输

1. 包装

用专用包装袋包装，按10千克或20千克为一包装单位，按级分装。包装材料必须清洁、干燥、无破损、无异味，不影响药材品质。包装前应检查药材是否已充分干燥，并清除劣质品及异物。每个包装均应有记录的标签，标签的内容应包括：品名（药材名）、品种（种质类型）、批号、等级、产地、收获日期、重量、合格证、验收责任人等。

2. 贮藏

仓库必须干燥、通风、避光，注意防虫、防鼠、防潮。

3. 运输

运输工具必须清洁、干燥、无异味、无污染。药材批量运输时，不应与其他有毒、有害等可能污染其品质的物质混装。运输中应防雨、防潮、防污染。

八、药材规格等级

1. 北柴胡

统货。干货。呈圆锥形，上粗下细，顺直或弯曲，多分枝。头部膨大，呈疙瘩状，残茎不超过1厘米。表面灰褐色或土棕色，有纵皱纹。质硬而韧，断面黄白色，显纤维性。微有香气，味微苦辛。无须毛、杂质、虫蛀、霉变。

2. 南柴胡

统货。干货。类圆锥形，少有分枝，略弯曲。头部膨大，有残留苗茎。表面土棕色或红褐色，有纵皱纹及须根痕。断面淡棕色。微有香气，味微苦辛。大小不分。残留苗茎不超过1.5厘米。无须根、杂质、虫蛀、霉变。

九、药用价值

柴胡为常用中药，我国自古以来一直广泛应用，为解热要药，有解热、镇痛、利胆等作用。据报道，现各地有制成柴胡注射液的，用以治疗流感、感冒等上呼吸道感染。具有和解表里，疏肝解郁，升阳举陷的功能。主治寒热往来，胸满胁痛，口苦耳聋，头痛目眩，疟疾，下痢脱肛，月经不调，子宫下垂等病症。

参考文献

[1]　中国科学院中国植物志编委会. 中国植物志：第34卷[M]. 北京：科学出版社，1992.

[2]　王玉庆，牛颜冰，秦雪梅. 野生柴胡资源调查[J]. 山西农业大学学报（自然科学版），2007，27（1）：103–107.

[3]　郭巧生. 药用植物栽培学[M]. 北京：高等教育出版社，2009.

[4]　闫敬来，滕训辉. 柴胡生产加工适宜技术[M]. 北京：中国医药科技出版社，2017.

大枣
da zao

本品为鼠李科植物枣 *Ziziphus jujuba* Mill.的干燥成熟果实。秋季果实成熟时采收，晒干。

一、植物特征

为落叶乔木，高达10米。根系的水平根较为发达，易发生根蘖，主要分布在15～30厘米土层，为树冠的3～6倍。枝条红褐色，平滑无毛，具刺。枣头直立向上发育成主干，在头上平展形成"之"字形的二次枝，长4～13节，无顶芽不延伸，为结果基枝，寿命15年左右；在二次枝各节上长出0.5～1.5厘米的短枝，叫枣股，每股可长1～7个枣吊，长10～30厘米，叶片7～15片，为脱落枝。叶革质较厚，正反面都有栅栏组织，互生，光滑无毛，较大，卵形或长卵形，基生三出脉。芽为复芽，由一个主芽和副芽组成，主副芽着生在同一节位上，副芽生在主芽的侧上方。主芽为晚熟性芽，可潜伏多年不萌发，在受刺激后可形成健壮的枣头，或生长量小，形成枣股；副芽为早熟性芽，随枝条生长萌芽，萌发后形成二次枝、枣吊和花序。花为完全花，花序为聚伞花序腋生，花器较小，共分3层，外层为5个三角形绿色萼片，其内为匙形花瓣和雄蕊各5枚，与萼片交错排列，蜜盘发达，雌蕊着生在蜜盘中，柱头两裂。果实椭圆形，成熟时为红色或深红色。（图1）

图1　枣

二、资源分布概况

全世界约98%的大枣种质资源和大枣产量集中在我国。枣树是我国特有的果树资源和独具特色的优势果树树种，其对气候、土壤的适应能力很强，是我国分布最广的果树之一，大致在北纬23°～42.5°、东经76°～124°的区域，目前除黑龙江、西藏外，各省均有分布，其栽培地区的北缘从我国东北地区辽宁的沈阳、朝阳，经河北的张家口，内蒙古的宁城，沿呼和浩特到包头大青山的南麓，宁夏的灵武、中宁，甘肃河西走廊的临泽、敦煌，直到新疆的昌吉；最南到广西的平南，广东的郁南等地；最西到新疆西部的喀什、疏附；最东到辽宁的本溪和东部沿海各地。枣树的垂直分布在华北和西北地区可达海拔1300～1800米，在低纬度的云贵高原可达2000米。

根据气候、土壤、品种特点及栽培管理情况，以秦岭、淮河为界划分为南北两大枣栽培区。北方主产区包括河北、山西、山东、河南、陕西五省，该区光照条件好，温差大，枣含糖量高，品质优良；南方栽培区包括湖北、湖南、安徽、四川、江苏、浙江、广东、福建、云南等省，该区降水量大，温差小，果实含糖量低，品质较差。

三、生长习性

枣树为喜光植物，具有较强的耐寒、耐涝、抗旱和耐盐碱性，对土壤和酸碱度适应能力极强。枣树对地势要求不严，一般在肥沃的微碱性或中性砂壤土上生长最好，在河滩或沙地上果实成熟期约早20天，病虫少；黏土上则成熟较晚。抗风性较弱，在花期遇大风大雨，会影响坐果率和产量。

耐−31.3℃的极端低温，也能耐39.3℃的极端高温。当气温上升到13～15℃时，枣芽开始萌动，枝条迅速生长；当气温在17℃以上时，花芽大量分化；当日平均温度在20℃以上时进入始花期；22～25℃时达盛花期；果实生长期要求24℃以上的温度；积温要求24.30～24.80℃；土温在7.3～20℃时，枣树根系开始生长；20～25℃时，生长旺盛。对于成龄大树，地面积水1～2个月，枣树仍能存活。

四、栽培技术

1. 种植材料

以无性繁殖为主，有性繁殖仅在大量繁殖砧木或进行新品种选育时采用。无性繁殖以嫁接苗和根蘖苗为种植材料；有性繁殖以发育良好，经过沙藏处理，促使后熟的种子作为播种材料。

2. 选地与整地

（1）选地　山坡地应选择避风向阳处，平原、河滩要排水良好，水位在1米以下无长期积水，土壤深厚疏松，pH为5.5～8的地块。

（2）整地　定植前进行深耕，清除杂草，平整土地，在山坡地种植应修鱼鳞坑、小台田、水平梯田，以利保持水土。

3. 定植

春栽在3月下旬至4月下旬前后于幼苗未萌芽前进行，株行距一般是株距4～5米，行距6～7米。定植穴的直径为80～100厘米，每穴施土粪肥25～50千克。定植时勿伤根系，多带须根，随起随栽，定植后立即浇水，保证成活。秋栽在寒露至立冬或土壤封冻前进行，以早栽为好。

4. 田间管理

（1）中耕除草　全年中耕3～5次，深度6～10厘米。

（2）定干　树冠小，树势弱的可定干1.4米左右；树冠大，树势强的可定干1.6～1.8米。

（3）修剪　冬季和夏季修剪相结合。冬季修剪时间为落叶后至发芽前，较寒冷地区可在3月上旬至4月上旬进行修剪。幼树以夏季修剪为主。

（4）灌水与施肥　萌芽前每株追肥尿素0.5～1.0千克，过磷酸钙1.0～1.5千克；开花前追施磷酸二铵1.0～1.5千克，硫酸钾0.5～0.75千克，幼果生长发育期施磷酸二铵0.5～1.0千克，硫酸钾0.5～1.0千克，果实迅速膨大期施磷酸二铵0.5～1.0千克，硫酸钾0.75～1.0千克。追肥一次灌水一次，以利于肥效的发挥。在枣果采收后，至落叶前施基肥。施用量为每生产1千克鲜枣，需使用2千克左右的有机肥，一般生长结果期每株施用有机肥30～80千克，盛果期每株施有机肥100～250千克。在上冻之前浇水一次，以增强枣树的抗寒性。

5. 病虫害防治

（1）枣缩果病　清除落果落叶，搞好果园卫生；早春刮树皮，集中烧毁；刮树皮后，在萌芽前喷3～5波美度石硫合剂；自6月上中旬开始，每隔10～15天喷1次800～1000倍液的枣铁皮净。

（2）桃小食心虫　于秋冬季和早春把树干周围1.2米、深12厘米的表土，撒开于地表，晾晒越冬茧，可使虫死亡90%以上；在越冬幼虫出土盛期，将冠下外围土取下，培于树干1.5米范围内，培土厚7～10厘米，把夏茧压于土下，可有效阻止其羽化出土；春季对树干周围1米内地面覆盖地膜，既能有效地控制老熟幼虫出土化蛹和成虫羽化，又可增温保墒；6月20日左右，根据降雨量和土壤湿度，用25%辛硫磷微胶囊300倍液在树冠投影内进行地面喷雾，然后用钉耙耙平耙匀，使地面形成约1厘米厚的药土层，毒杀出土幼虫（成虫）；于7月中旬、7月下旬分别在树上喷来福灵2000倍液或50%辛硫磷乳剂1000倍液。

（3）枣尺蠖　秋冬季和早春结合深翻枣园或挖树盘，消灭越冬虫蛹，降低越冬基数；成虫羽化前，在树干距地面20～60厘米处，绑15厘米宽的倒喇叭塑料薄膜裙，以阻止雌蛾上树，每天组织人力于树下捕杀雌蛾，或在塑料薄膜裙下涂1厘米左右的长效尺蠖灵软膏，以毒杀上树的雌蛾成虫；在枣萌芽展叶期幼虫危害时（4月中下旬至5月上旬）在树上喷药。用药种类和浓度：2.5%敌杀死乳油或20%灭扫利乳油或10%氯氰菊酯乳油2000～4000倍液；10%天王星乳油10 000～15 000倍液；灭幼脲3号1500～2000倍；苦参素3号乳油1500倍液，均可获理想防治效果。

图2 鲜枣成熟期

五、采收加工

1. 采收

（1）采收期　在成熟期采收。一般在9月下旬至10月上旬。（图2）

（2）采收　采枣一般用手摘，或在树下撑布单子接枣，用竹竿震枝，使枣果落下。

2. 加工

用充分成熟的鲜枣，经晾干、晒干或烘烤干制而成，果皮红色至紫红色。

六、药典标准

1. 药材性状

本品呈椭圆形或球形，长2～3.5厘米，直径1.5～2.5厘米。表面暗红色，略带光泽，有不规则皱纹。基部凹陷，有短果梗。外果皮薄，中果皮棕黄色或淡褐色，肉质，柔软，富糖性而油润。果核纺锤形，两端锐尖，质坚硬。气微香，味甜。（图3）

图3 大枣药材

2. 鉴别

本品粉末棕色。外果皮棕色至棕红色；表皮细胞表面观类方形、多角形或长方形，胞腔内充满棕红色物，断面观外被较厚角质层；表皮下细胞黄色或黄棕色，类多角形，壁稍厚。草酸钙簇晶（有的碎为砂晶）或方晶较小，存在于中果皮薄壁细胞中。果核石细胞淡黄棕色，类多角形，层纹明显，孔沟细密，胞腔内含黄棕色物。

3. 检查

（1）总灰分 不得过2.0%。

（2）黄曲霉毒素 照真菌毒素测定法测定。本品每1000克含黄曲霉毒素B_1不得过5微克，含黄曲霉毒素G_2、黄曲霉毒素G_1、黄曲霉毒素B_2和黄曲霉毒素B_1的总量不得过10微克。

七、仓储运输

1. 仓储

红枣干制后应挑选分级，按品种、等级分别包装、分别堆存，批次应分明，堆码整齐。干制红枣在存放过程中，严禁与其他有毒、有异味、发霉以及易于传播病虫的物品混合存放，严禁雨淋，注意防潮、防虫、防鼠。堆放干制红枣的仓库地面应铺设木条或隔板，使通风良好，枣果含水量不超过26%～28%。

2. 运输

不同型号包装容器分开装运。运输工具应清洁、干燥。装卸、搬运时要轻拿轻放，严禁乱丢乱掷。堆码高度应充分考虑干制红枣和容器的抗压能力。交运手续力求简便、迅速，运输时严禁日晒、雨淋，不得与有毒有害物品混运。

八、药材规格等级

一等：干货。果形饱满，有本品种应有的特征，果大均匀。肉质肥厚，具有本品种应有的色泽，身干，手握不粘个，总糖含量≥70%，一般杂质不超过0.5%。无霉变、浆头、不熟果和病果。虫果、破头果两项不超过5%。含水率不高于25%；容许度不超过5%；总不合格果百分率不超过5%。

二等：干货。果形良好，具有本品种应有的特征，果实大小均匀。肉质较肥厚，具有本品种应有的色泽，身干，手握不粘个，总糖含量≥65%，一般杂质不超过0.5%。无霉变果。允许浆头不超过2%，不熟果不超过3%，病虫果、破头果两项不超过5%。含水率不高于25%；容许度不超过10%；总不合格果百分率不超过10%。

三等：干货。果形正常，果实大小较均匀。肉质肥瘦不均，允许有不超过10%的果实色泽稍浅，身干，手握不粘个，总糖含量≥60%，一般杂质不超过0.5%。无霉变果。允许浆头不超过5%，不熟果不超过5%，病虫果、破头果两项不超过10%（其中病虫果不得超过5%）。含水率不高于25%；容许度不超过15%；总不合格果百分率不超过20%。

九、药用食用价值

1. 临床常用

（1）中气不足，脾胃虚弱，体倦乏力，食少便溏　本品有补中益气功效。常与党参、白术、茯苓等药同用，以增加疗效。

（2）用于血虚姜黄，妇女脏躁　本品有养血安神功效。治疗血虚面黄肌瘦，多与熟地黄、当归等补血药同用；治疗妇女血虚脏躁，精神不安，常配伍甘草、小麦，如甘麦大枣汤。

（3）缓和药性，促进药力吸收　常配伍峻烈药同用以缓和药性。如大枣配伍葶苈子，即葶苈大枣泻肺汤，能泻肺平喘利尿而不伤肺气；配伍大戟、芫花、甘遂，即十枣汤，能泻水逐痰而不伤脾胃。常与生姜配伍。与解表药同用，生姜可以助卫气发汗，大枣又可补益营血，防止汗多伤营，能共奏调和营卫之功；与补益药同用，生姜能和胃调中，大枣补益气，合用能调补脾胃，增加食欲，促进药力吸收，可提高滋补效能。

2. 食疗及保健

（1）清补食品　从古到今，大枣都是一味滋补治病的良药，其味甘性平，中医向来把它视为清润补品。如：红枣炖兔肉、红枣煲木耳、大枣汤。①红枣炖兔肉：红枣15枚、兔肉半斤，加水共炖食之，适用于身体虚弱，妇女血虚，过敏性紫癜。②红枣煲木耳：红枣20个、黑木耳15克煎服食，每日一次，连服数日，有养血、止血之效。③大枣汤：大枣20～30个，煮熟后连汤服食，适用于血小板减少性紫癜，贫血。

（2）补益保健茶　①山药红枣绿茶：山药2克，红枣2枚，绿茶3克。将山药、红枣、绿茶一起用沸水冲泡5分钟即成，每日一次，多次饮服。具有降血糖，润肺止喘，健脾开胃，补肾止带，养血补气，消炎，补充维生素，提高机体抗病能力，延年益寿之效。②红枣党参茶：红枣10个，党参15克，水煎，当茶饮，适用于病后食欲不振、四肢无力。

参考文献

[1]　高学敏. 中药学[M]. 北京：中国中医药出版社，2002：508−509.

[2]　王红. 中外食疗保健食谱[M]. 长春：长春出版社，1991：70−72.

[3]　孙丽霞. 种子、果实类中药材植物种植技术[M]. 北京：中国林业出版社，2001：10−17.

[4]　冯殿齐. 枣树丰产栽培与病虫害综合防治技术[M]. 济南：山东科学技术出版社，2013：120−138.

dang　shen

党参

本品为桔梗科植物党参*Codonopsis pilosula*（Franch.）Nannf.、素花党参*Codonopsis pilosula* Nannf. var. *modesta*（Nannf.）L. T. Shen或川党参*Codonopsis tangshen* Oliv.的干燥根。

一、植物特征

1. 党参

茎基具多数瘤状茎痕，根常肥大呈纺锤状或纺锤状圆柱形，较少分枝或中部以下略有分枝，长15～30厘米，直径1～3厘米，表面灰黄色，上端5～10厘米部分有细密环纹，而下部则疏生横长皮孔，肉质。茎缠绕，长1～2米，直径2～3毫米，有多数分枝，侧枝15～50厘米，小枝1～5厘米，具叶，不育或先端着花，黄绿色或黄白色，无毛。叶在主茎及侧枝上互生，在小枝上近于对生，叶柄长0.5～2.5厘米，有疏短刺毛，叶片卵形或狭卵形，长1～6.5厘米，宽0.8～5厘米，先端钝或微尖，基部近于心形，边缘具波状钝锯齿，分枝上叶片渐趋狭窄，叶基圆形或楔形，上面绿色，下面灰绿色，两面疏或密地被贴伏着长硬毛或柔毛，少为无毛。花单生于枝端，与叶柄互生或近于对生，有梗。花萼贴生至子房中部，筒部半球状，裂片宽披针形或狭矩圆形，长1～2厘米，宽6～8毫米，顶端钝或微尖，微波状或近于全缘，其间弯缺尖狭；花冠上位，阔钟状，长1.8～2.3厘米，直径1.8～2.5厘米，黄绿色，内面有明显紫斑，浅裂，裂片正三角形，端尖全缘；花丝基部微扩大，长约5毫米，花药长形，长5～6毫米；柱头有白色刺毛。蒴果下部半球状，上部短圆锥状。种子多数，卵形，无翼，细小，棕黄色，光滑无毛。花果期7～10月。（图1，图2）

图1　党参　　　　　　　　图2　党参花及果实
　　　　　　　　　　　　　（上图：党参花；下图：党参果实）

2. 素花党参

与党参的主要区别在于本变种全体近于光滑无毛，花萼裂片较小，长约10毫米，叶片幼嫩时上面或先端常疏生柔毛及缘毛。

3. 川党参

植株除叶片两面密被微柔毛外，全体几乎光滑无毛。茎基微膨大，具多数瘤状茎痕，根常肥大呈纺锤状或纺锤状圆柱形，较少分枝或中部以下略有分枝，长15～30厘米，直径1～1.5厘米，表面灰黄色，上端1～2厘米部分有稀或较密的环纹，而下部则疏生横长皮孔，肉质。茎缠绕，长可达3米，直径2～3毫米，有多数分枝，侧枝长15～50厘米，小枝长1～5厘米，具叶，不育或顶端着花，淡绿色、黄绿色或下部微带紫色，叶在主茎及侧枝上互生，在小枝上近于对生，叶柄长0.7～2.4厘米，叶片卵形、狭卵形或披针形，长2～8厘米，宽0.8～3.5厘米，顶端钝或急尖，基部楔形或较圆钝，仅个别叶片偶近于心形，边缘具浅钝锯齿，上面绿色，下面灰绿色。花单生于枝端，与叶柄互生或近于对生；花有梗；花萼几乎完全不贴生于子房上，几乎全裂，裂片矩圆状披针形，长1.4～1.7厘米，宽5～7毫米，顶端急尖，微波状或近于全缘；花冠上位，与花萼裂片着生处相距约3毫米，钟状，长1.5～2厘米，直径2.5～3厘米，淡黄绿色而内有紫斑，浅裂，裂片近于正三角形；花丝基部微扩大，长7～8毫米，花药长4～5毫米；子房对花冠而言为下位，直径0.5～1.4厘米。蒴果下部近于球状，上部短圆锥状，直径2～2.5厘米。种子多数，椭圆状，无翼，细小，光滑，棕黄色。花果期7～10月。

二、资源分布概况

党参因来源广，适宜多样的生态环境，市场上也有按具体产地命名的党参，比较著名的有"潞党参""台党""白条党""纹党""凤党""刀党"及"板桥党"等。

潞党参、台党和白条党为党参*C. pilosula*（Franch.）Nannf. 的根。潞党参现主产于山西长治市、晋城市，为著名道地药材，品质优良。台党主产于山西忻州市五台等地，故名为"台党"，主要为野生品，现资源匮乏。白条党系20世纪60年代由潞党参引种到甘肃定西，获得成功栽培，目前已成为主流商品之一。（图3）

纹党、凤党和刀党为素花党参*C. pilosula* Nannf. var. *modesta*（Nannf.）L. T. Shen的根，产于四川西北部、青海、甘肃及陕西南部至山西中部，生于海拔1500～3200米间的山地

图3　山西陵川党参种苗繁育基地

林下、林边及灌丛中。其栽培种分布于山西中部、陕西南部、甘肃、青海、四川西北部、云南。

板桥党为川党参 *C. tangshen* Oliv.的根，产于四川北部及东部、贵州北部、湖南西北部、湖北西部以及陕西南部。生于海拔900～2300米间的山地林边灌丛中，现已大量栽培，板桥党极具盛名，国家质检总局于2006年4月27日宣布对板桥党参实施国家地理标志产品保护。

三、生长习性

党参生于荒山灌木草丛中、林缘、林下及山坡路边，适宜生长于气候温和凉爽的环境，幼苗需阴蔽，成株喜阳光，怕高温，怕涝，以土层深厚、地势稍高、富含腐殖质的砂质壤土种植为好，不宜在黏土、低洼地、盐碱地和连作地上种植。党参抗寒性、抗旱性、适生性都很强，全国大部分地区已引种栽培。

党参从种子播种到种子成熟一般需2年，2年以后年年开花结籽（图4）。从早春解冻后至冬初封冻前均可播种。春、秋季播种的

1cm

图4　党参种子

党参，一般3月底至4月初出苗，然后进入缓慢的苗期生长，至6月中旬，苗一般可长到10~15厘米高。从6月中旬至10月中旬，进入营养生长的快速期，一般一年生党参地上部分可长到60~100厘米，低海拔或平原地区种植的党参，8~10月部分植株可开花结籽，但秕籽率较高；在海拔较高的山区，一年生参苗一般不能开花。10月中下旬植株地上部分枯萎进入休眠期。各产地由于海拔高度、气候等不同，生长周期略有差异。

党参根的生长情况基本上是：第1年根主要以伸长生长为主，可长到15~30厘米，根粗仅2~3毫米。第2年到第7年，参根以加粗生长为主，特别是第2~5年根的加粗生长很快，这个时期党参正处壮年时期，参苗一般长达2~3米，地上部分光合面积大，光合产物多，根中营养物质积累多而快，根的加粗增重明显。8~9年以后党参进入衰老期，参苗老化，参根木质化，糖分积累变少，质量变差。因此，要获得优质高产党参，宜采收三至五年生的党参药用。

四、栽培技术

1. 选地与整地

（1）选地　育苗地宜选地势平坦、靠近水源、无地下病虫害、无宿根杂草、土质疏松肥沃、排水良好的砂质壤土。在山区应选择排水良好、土层深厚、疏松肥沃、坡度15°~30°，半阴半阳的山坡地和二荒坡地，地势不应过高，一般以海拔2200米以下为宜。

（2）整地　整地时，应根据不同地块特点采用不同方法。荒地育苗，应于头年冬季，深耕整平，作畦；熟地育苗，宜选富含腐殖质的背阳地。前茬作物收后翻犁1次，播前再翻耕1次，每亩施入基肥（堆肥、厩肥）1500~3000千克，耙细整平做畦。做畦因地势而定，一般坡度不大，地势较为平坦的地可以作成平畦或高畦，较陡的地一定要作成高畦。畦宽1~1.3米，畦长因地势而定，畦四周开排水沟，沟宽24厘米，深15~20厘米。

2. 繁殖方法

常用种子繁殖，以育苗移栽为好。

（1）直接播种　所选种子必须符合种子质量标准。要求种子发芽率高、发芽势高、无杂草种子等。繁殖要用新种子，隔年种子发芽率很低，甚至无发芽能力。种子在温度10℃左右、湿度适宜的条件下开始萌发，最适发芽温度18~20℃。为了使种子早发芽，播种前把种子放在40～50℃温水中浸种，边搅拌边放入种子，搅拌水温和手温一样时停止，再浸5分钟；捞出种子，装入纱布袋中，用清水洗数次，再放在温度15～20℃室内砂堆上，每隔3～4小时用清水淋洗一次，一周左右种子裂口即播种。播时畦面要浇透水，等水渗下去，可用撒播或条播。

春播在3～4月份进行，宜早。夏播多在5～6月雨季进行，夏季温度高，要特别注意幼苗期的遮荫与防旱，以防参苗因日晒或干旱而死。秋播在10～11月地上冻前为宜，当年不出苗，到第二年清明前后出苗。

（2）育苗移栽　移栽党参分春栽和秋栽两种。春季移栽于芽苞萌动前，即3月下旬至4月上旬；秋季移栽于10月中、下旬。春栽宜早，秋栽宜迟，以秋栽为好。移栽最好选阴天或早晚进行，随起苗随移栽。一般每亩栽大苗16 000株左右，栽小苗2万株左右。密植栽培每亩栽参苗4万株左右。在平原地区或低海拔山区多采用育苗一年的参秧移栽；在高海拔山区多采用二年生的参苗移栽。每亩用参苗30～40千克。参苗以苗长条细（苗短条粗的再生能力弱，产量低）者为佳，按苗子大小分类。移栽时，不要损伤根系，将参条顺沟的倾斜度放入，使根头抬起，根梢伸直，覆土要以使参头不露出地面为宜，一般高出参头5厘米左右。参秧以斜放为好，这样参的产量高，品质优。坡地或畦栽，应按行距20～30厘米，开深21～25厘米的沟；山坡地应顺坡横行开沟，以株距5～10厘米栽植。（图5）

图5　党参移栽

3. 田间管理

（1）苗期管理

①遮阴：无论春播还是夏、秋播，都要根据党参幼苗期喜湿润、怕旱涝、喜阴、怕强光直射的习性进行遮阴。常用的遮荫方法有盖草遮阴、塑料薄膜遮阴和间作高秆作物遮阴等。近年来，多用间作套种高秆作物解决党参幼苗的遮阴问题。

②浇水排水：幼苗期根据地区、土质等自然条件适当浇水，不可大水浇灌，以免冲断参苗。出苗期和幼苗期畦面保持潮湿，以利出苗。参苗长大后可以少灌水，不追肥，水

分过多易造成过多枝叶徒长，苗期适当干旱有利于参根的伸长生长，雨季需特别注意排水，防止烂根烂秧，造成参苗死亡。

③除草松土：育苗地要做到勤除杂草，防止草荒。撒播地见草就拔，条播地松土除草同时进行。苗高5～7厘米时注意适当间苗，保持株距1～3厘米，分次除去过密的弱苗。若是直播，苗高15厘米左右时，按株距3～5厘米定苗。松土宜浅，避免伤根。除草要选阴天或早晨、傍晚进行。

④起苗：育苗1年即可收参苗。在高海拔山区一般育苗2年才可收参苗。起苗时注意从侧面挖掘，防止伤根。最好将参苗按大、中、小分档，以便分别定植。起苗不应在雨天进行。秋天移栽的，起苗后就定植，如来年春定植，可将参苗贮入地窖。

（2）栽植后管理

①中耕除草：清除杂草是保证党参产量主要因素之一，因此出苗后应勤除杂草，特别是早春和苗期更要注意除草。一般除草常与松土结合进行。封行后停止中耕，见草则用手拔除。

②追肥：通常在搭架前追施一次厩肥，每亩1000～1500千克，结合松上除草施到沟里，也可在开花前根外追肥，以微量元素和磷肥为主，亩施磷酸铵溶液5千克，喷于叶面。生长初期（5月下旬）追施人粪尿每亩1000～2000千克。

③灌溉排水：移栽后要及时灌水，以防参苗干枯，保证出苗，成活后可以不灌或少灌水。雨季应及时排出积水，防止烂根。

④搭架：当苗高30厘米左右时设立支架，以使茎蔓顺架生长，架法可根据具体条件和习惯灵活选择，常用方法是用细竹竿每两垄搭成八字形架，目的是使其通风透光，生长旺盛，提高抗病力，增加参根和种子的产量。

4. 病虫害防治

（1）锈病　主要危害叶片，6～7月发生严重，病叶背面略突起（夏孢子堆），严重时突起破裂，散出橙黄色的夏孢子，引起叶片早枯。

　　防治方法　收获后清园，销毁地上部病残株；或发病初期喷25%粉锈宁1000～1500倍液或90%敌锈钠400倍液，每7～10天喷1次，连续喷2～3次。

（2）根腐病　主要危害地下须根和侧根，根呈现黑褐色，而后主根腐烂，植株枯萎死亡。

　　防治方法　收获后清园，销毁地上部病残株；雨季及时排水；及时拔出病株，用石灰进行穴窝消毒；整地时进行土壤消毒，采取高畦种植；实行轮作；发病初期用50%托布津2000倍液喷洒或灌根，每7～10天喷1次，连续2～3次。

（3）蚜虫　主要群聚在党参的叶片、嫩茎、花蕾和顶芽上危害，蚜虫以刺吸式口器刺吸党参体内的养分，引起党参植株畸形生长，造成叶片皱缩、卷曲、虫瘿以致脱落，甚至使植株枯萎、死亡。

防治方法　①彻底清除栽培党参园地周边的杂草，以减少蚜虫迁入的机会。②用40%乐果乳油1000倍液，或50%辛敌乳油2000倍液，或25%吡虫啉悬浮剂800～1000倍液进行喷雾防治，每隔5～7天喷1次，连喷多次，直至将蚜虫杀灭为止。

（4）地老虎　主要以咬食（断）嫩茎危害，低龄幼虫（1龄和2龄）在党参苗嫩叶上取食，大龄幼虫（3龄后）白天潜伏在苗床的土里，夜晚出来危害，常将地面的党参苗咬断，造成缺苗甚至毁苗，直接影响大田党参的移栽。

防治方法　运用人力或机械进行翻耕，以减少地老虎幼虫体，消灭来年虫源；适度中耕除草，以破坏地老虎的孵化和羽化条件，使其不能繁殖。春播翻犁土地时，用4.5%敌百毒死蜱粉剂15.0～22.5千克/公顷掺细土450～600千克/公顷均匀撒在翻犁土中，以杀灭越冬地老虎幼虫。

虫害除以上两种外，还有蝼蛄、红蜘蛛等害虫，主要危害地下根及咬断幼苗的茎。可采用诱饵杀幼虫，用黑光灯杀成虫或药剂喷杀。

五、采收加工

1. 采收与留种技术

采收：采收时先拔除支架，割去茎蔓，再挖取参根，挖根时注意不要伤根，以防浆汁流失。直播田三年采收，移栽田栽后生长两年采收，于党参地上部枯萎至结冻前为采收期，但以白露前后半个月内采收品质最佳。

留种：选二年或二年以上生的党参，在9月下旬至10月上旬大部分果实的果皮变成黄色、种子变成褐色时即可采收，因党参种子成熟期不一致，要随熟随采，以防果壳开裂种子脱落，晒干搓出种子，簸净，置阴凉通风干燥处待用。每公顷每年采种量350～400千克。

2. 产地加工

将挖出的参根除去残茎、叶，抖去泥土，用水洗净，先按大小、长短、粗细分为老、大、中条，分别晾晒至三四成干，至表皮略起润发软时（绕指而不断），将党参一把一把地顺握或放木板上，用手揉搓，如参梢太干可先放水中浸一下再搓，握或搓后再晒，反复3～4次，使党参皮肉紧贴，充实饱满并富有弹性。应注意，搓的次数不宜过多，用力也不宜过大，否则会变成油条，影响质量。一般2千克鲜党参可加工1千克干货。（图6）

图6　党参捆把

六、药典标准

1. 药材性状

（1）党参　呈长圆柱形，稍弯曲，长10～35厘米，直径0.4～2.0厘米。表面灰黄色、黄棕色至灰棕色，根头部有多数疣状突起的茎痕及芽，每个茎痕的顶端呈凹下的圆点状；根头下有致密的环状横纹，向下渐稀疏，有的达全长的一半，栽培品环状横纹少或无；全体有纵皱纹和散在的横长皮孔样突起，支根断落处常有黑褐色胶状物。质稍柔软或稍硬而略带韧性，断

图7　党参药材

面稍平坦，有裂隙或放射状纹理，皮部淡棕黄色至黄棕色，木部淡黄色至黄色。有特殊香气，味微甜。（图7）

（2）素花党参（西党参）　长10～35厘米，直径0.5～2.5厘米。表面黄白色至灰黄色，根头下致密的环状横纹常达全长的一半以上。断面裂隙较多，皮部灰白色至淡棕色。

（3）川党参　长10～45厘米，直径0.5～2厘米。表面灰黄色至黄棕色，有明显不规则的纵沟。质较软而结实，断面裂隙较少，皮部黄白色。

2. 鉴别

本品横切面：木栓细胞数列至10数列，外侧有石细胞，单个或成群。栓内层窄。韧皮部宽广，外侧常现裂隙，散有淡黄色乳管群，并常与筛管群交互排列。形成层成环。木质部导管单个散在或数个相聚，呈放射状排列。薄壁细胞含菊糖。

3. 检查

（1）水分　不得过16.0%。

（2）总灰分　不得过5.0%。

（3）二氧化硫残留量　照二氧化硫残留量测定法测定，不得过400毫克/千克。

4. 浸出物

照醇溶性浸出物测定法项下的热浸法测定，用45%乙醇作溶剂，不得少于55.0%。

七、仓储运输

1. 包装

党参晾干后，选用质地较结实、干燥、清洁、无异味以及不影响品质的材料制成的专用袋包装，以保证药材在运输、储藏、使用过程中的质量。包装要牢固、密封、防潮。党参一般用内衬防潮纸的纸箱盛装，每件20千克左右。在每件包装上，应注明品名、规格、产地、批号、包装日期、生产单位，并附有质量合格的标志。

2. 贮藏

党参产地贮藏方法一般是将加工好的党参放在凉爽、干燥通风处，勿受潮湿，并防止虫蛀变质。贮藏期间要注意防鼠害，且经常检查。党参富含糖类，味甜质柔润，夏季易吸湿、生霉、走油、虫蛀，宜贮存于阴凉通风干燥处，温度28℃以下，相对湿度65%～75%，贮藏期间，如果商品潮湿，可在3～4月间用"横竖压尾通风法"晾晒，以防商品头尾干湿不匀、参身过湿染菌或参尾过于脆碎。高温、高湿季节，可在60℃左右下烘烤，并放凉后密封保藏。

3. 运输

药材批量运输时，注意不能与其他有毒、有害的物质混装；运输工具必须清洁、干燥、无异味、无污染，具有较好的通气性，以保持干燥，并有防晒、防潮等措施。

八、药材规格等级

（1）党参无硫特大条 党参，手工挑选，使直径1.0厘米以上的无硫党参条重量占比不低于80%，无直径0.6厘米以下条，泛油条重量占比不超过10%。

（2）党参无硫大条 党参，手工挑选，使直径0.8厘米以上的无硫党参条重量占比不低于80%，无直径0.5厘米以下条，泛油条重量占比不超过10%。

（3）党参无硫中条 党参，手工挑选，使直径0.5厘米以上的无硫党参条重量占比不低于80%，泛油条重量占比不超过10%。

（4）党参无硫小条 党参，手工挑选大条剩余的直径在0.4厘米左右的无硫党参小条，泛油条重量占比不超过10%。

（5）党参特大条 党参，手工挑选，使直径1.0厘米以上的有硫党参条重量占比不低于80%，无直径0.6厘米以下条，泛油条重量占比不超过10%。

（6）党参大条 党参，手工挑选，使直径0.8厘米以上的有硫党参条重量占比不低于80%，无直径0.5厘米以下条，泛油条重量占比不超过10%。

（7）党参中条 党参，手工挑选，使直径0.5厘米以上的有硫党参条重量占比不低于80%，无直径0.5厘米以下条，泛油条重量占比不超过10%。

（8）党参小条 党参，手工挑选大条剩余，直径在0.4厘米左右的有硫党参小条，泛油条重量占比不超过10%。

（9）纹党参特大条 纹党参，手工挑选，直径为1.0～1.2厘米。长度14厘米以上，直径1.0厘米以上条不低于80%，无直径0.6厘米以下条，油条占比不超过3%，水洗，有硫加工的炕货。

（10）纹党参大条 纹党参，手工挑选，直径为0.8～1.0厘米。长度12～14厘米，直径0.8厘米以上条不低于80%，无直径0.5厘米以下条，油条占比不超过5%，水洗，有硫加工的炕货。

（11）纹党参中条 纹党参，手工挑选，直径为0.6～0.8厘米。长度10～14厘米，直径0.6厘米以上条不低于80%，油条占比不超过5%，水洗，有硫加工的炕货。

（12）纹党参小条　纹党参，直径0.4厘米左右，长度10～14厘米，油条占比不超过5%，有硫加工的炕货。

（13）纹党参混级货　纹党参，也称毛货，大小不分，油条占比不超过5%，有硫加工的炕货。

（14）党参无硫寸节0.9以上　挑选直径0.5～1.0厘米的无硫中大条党参，切成长4.0～6.0厘米的节，筛选出直径0.9厘米以上的节。

（15）党参无硫寸节0.7～0.9　挑选直径0.5～1.0厘米的无硫中大条党参，切成长4.0～6.0厘米的节，筛选出直径0.7～0.9厘米的节。

（16）党参无硫寸节0.5～0.7　挑选直径0.5～1.0厘米的无硫中大条党参，切成长4.0～6.0厘米的节，筛选出直径0.5～0.7厘米的节。

（17）党参无硫寸节0.3～0.5　挑选直径0.5～1.0厘米的无硫中大条党参，切成长4.0～6.0厘米的节，筛选后剩下的直径0.3～0.5厘米的节。

（18）党参寸节0.9以上　挑选直径0.5～1.0厘米的有硫中大条党参，切成长4.0～6.0厘米的节，筛选出直径0.9厘米以上的节。

（19）党参寸节0.7～0.9　挑选直径0.5～1.0厘米的有硫中大条党参，切成长4.0～6.0厘米的节，筛选出直径0.7～0.9厘米的节。

（20）党参寸节0.5～0.7　挑选直径0.5～1.0厘米的有硫中大条党参，切成长4.0～6.0厘米的节，筛选出直径0.5～0.7厘米的节。

（21）党参寸节0.3～0.5　挑选直径0.5～1.0厘米的有硫中大条党参，切成长4.0～6.0厘米的节，筛选后剩下的直径0.3～0.5厘米的节。

（22）党参无硫大选片　挑选大条的无硫党参切片，直径0.7厘米以上的片不低于70%，直径0.5厘米以下的片不超过2%，泛油片不超过10%。

（23）党参无硫中选片　挑选中条的无硫党参切片，直径0.5厘米以上的片不低于70%，直径0.3厘米以下的片不超过2%，泛油片不超过10%。

（24）党参无硫中统片　挑选中条的无硫党参切片，直径0.5厘米以上的片不低于40%，直径0.3厘米以下的片不超过10%，泛油片不超过10%。

（25）党参无硫小片　用0.5厘米以下无硫党参小条切片，直径0.3厘米以下的片不超过40%，泛油片不超过10%。

（26）党参大选片　挑选大条，多为有硫的党参切片，直径0.7厘米以上的片不低于70%，直径0.5厘米以下的片不超过2%，泛油片不超过10%。

（27）党参中选片　挑选中条，多为有硫的党参切片，直径0.5厘米以上的片不低于70%，直径0.3厘米以下的片不超过2%，泛油片不超过10%。

（28）党参中统片　挑选中大个较多的，多为有硫的党参切片，直径0.5厘米以上的片不低于50%，直径0.3厘米以下的片不超过10%，泛油片不超过10%。

（29）党参小片　用0.5厘米以下的有硫党参小条切片，直径0.3厘米以下的片不超过40%，泛油片不超过10%。

九、药用食用价值

1. 临床常用

党参为常用大宗药材，在我国具有悠久的药用历史，其性味甘平、无毒，有补中益气、生津止渴等功效。现代药理学研究证实，党参对心血管系统、血液及造血功能、消化系统、机体免疫功能、延缓衰老均可起到相应的药效作用。

2. 食疗及保健

党参具有类似人参的滋补功效，还富含大量的营养成分，如糖苷类、皂苷、脂肪、微量元素和多种氨基酸等营养物质。近些年，党参逐渐出现在百姓餐桌上，人们还开发出党参系列食用产品，达到滋补保健的目的。人们常用党参烹饪营养的药膳粥、参苓术鱼汤等改善食欲不振、体虚无力等症状。常用黄精、党参、山药与母鸡炖汤来缓解精力疲惫、体力及智力下降。女性补血药膳方中同样常见党参。有专家提示，将党参与其他食物或中药配伍为药膳，能防病治病，强身健脑。

参考文献

[1]　中国科学院中国植物志编委会. 中国植物志：第73卷[M]. 北京：科学出版社，1983.

[2]　郭巧生. 药用植物栽培学[M]. 北京：高等教育出版社，2006.

[3]　滕训辉，刘根喜. 党参生产加工适宜技术[M]. 北京：中国医药科技出版社，2017.

[4]　龙兴超，郭宝林. 200种中药材商品电子交易规格等级标准[M]. 北京：中国医药科技出版社，2017.

[5]　张向东，高建平，曹铃亚，等. 中药党参资源及生产现状[J]. 中华中医药学刊，2013（3）：496–498.

[6] 王洁，邓长泉，石磊，等. 党参的现代研究进展[J]. 中国医药指南，2011，9（31）：279-281.

[7] 李黎星，康杰芳. 中药党参的研究进展[J]. 现代生物医学进展，2009，9（12）：2371-2373.

[8] 毕红艳，张丽萍，陈震，等. 药用党参种质资源研究与开发利用概况[J]. 中国中药杂志，2008，33（5）：590-594.

甘草

本品为豆科植物甘草*Glycyrrhiza uralensis* Fisch.、胀果甘草*Glycyrrhiza inflata* Bat.或光果甘草*Glycyrrhiza glabra* L.的干燥根和根茎。

一、植物特征

1. 甘草

又称乌拉尔甘草，多年生草本；根与根状茎粗壮，直径1～3厘米，外皮褐色，里面淡黄色，具甜味。茎直立，多分枝，高30～120厘米，密被鳞片状腺点、刺毛状腺体及白色或褐色的绒毛，叶长5～20厘米；托叶三角状披针形，长约5毫米，宽约2毫米，两面密被白色短柔毛；叶柄密被褐色腺点和短柔毛；小叶5～17枚，卵形、长卵形或近圆形，长1.5～5厘米，宽0.8～3厘米，上面暗绿色，下面绿色，两面均密被黄褐色腺点及短柔毛，顶端钝，具短尖，基部圆，边缘全缘或微呈波状，多少反卷。总状花序腋生，具多数花，总花梗短于叶，密生褐色的鳞片状腺点和短柔毛；苞片长圆状披针形，长3～4毫米，褐色，膜质，外面被黄色腺点和短柔毛；花萼钟状，长7～14毫米，密被黄色腺点及短柔毛，基部偏斜并膨大呈囊状，萼齿5，与萼筒近等长，上部2齿大部分连合；花冠紫色、白色或黄色，长10～24毫米，旗瓣长圆形，顶端微凹，基部具短瓣柄，翼瓣短于旗瓣，龙骨瓣短于翼瓣；子房密被刺毛状腺体。荚果弯曲呈镰刀状或呈环状，密集成球，密生瘤状突起和刺毛状腺体。种子3～11，暗绿色，圆形或肾形，长约3毫米。花期6～8月，果期7～10月。（图1）

英果

蝶形花

图1　甘草（乌拉尔甘草）

2. 胀果甘草

多年生草本，根与根状茎粗壮，外皮褐色，被黄色鳞片状腺体，里面淡黄色，有甜味。茎直立，基部带木质，多分枝，高50～150厘米。叶长4～20厘米；托叶小三角状披针形，褐色，长约1毫米，早落；叶柄、叶轴均密被褐色鳞片状腺点，幼时密被短柔毛；小叶3～7（～9）枚，卵形、椭圆形或长圆形，长2～6厘米，宽0.8～3厘米，先端锐尖或钝，基部近圆形，上面暗绿色，下面淡绿色，两面被黄褐色腺点，沿脉疏被短柔毛，边缘或多或少波状。总状花序腋生，具多数疏生的花；总花梗与叶等长或短于叶，花后常延伸，密被鳞片状腺点，幼时密被柔毛；苞片长圆状披针形，长约3毫米，密被腺点及短柔毛；花萼钟状，长5～7毫米，密被橙黄色腺点及柔毛，萼齿5，披针形，与萼筒等长，上部2齿在1/2以下连合；花冠紫色或淡紫色，旗瓣长椭圆形，长6～9（～12）毫米，宽4～7毫米，先端圆，基部具短瓣柄，翼瓣与旗瓣近等大，明显具耳及瓣柄，龙骨瓣稍短，均具瓣柄和耳。荚果椭圆形或长圆形，长8～30毫米，宽5～10毫米，直或微弯，二种子间膨胀或与侧面不同程度下隔，被褐色的腺点和刺毛状腺体，疏被长柔毛。种子1～4枚，圆形，绿色，径2～3毫米。花期5～7月，果期6～10月。（图2）

图2 胀果甘草

3. 光果甘草

又称洋甘草，多年生草本，根与根状茎粗壮，直径0.5～3厘米，根皮褐色，里面黄色，具甜味。茎直立而多分枝，高50～150厘米，基部带木质，密被淡黄色鳞片状腺点和白色柔毛，幼时具条棱，有时具短刺毛状腺体。叶长5～14厘米；托叶线形，长仅1～2毫米，早落；叶柄密被黄褐腺毛及长柔毛；小叶11～17枚，卵状长圆形、长圆状披针形、椭圆形，长1.7～4厘米，宽0.8～2厘米，上面近无毛或疏被短柔毛，下面密被淡黄色鳞片状腺点，沿脉疏被短柔毛，顶端圆或微凹，具短尖，基部近圆形。总状花序腋生，具多数密生的花；总花梗短于叶或与叶等长（果后延伸），密生褐色的鳞片状腺点及白色长柔毛和绒毛；苞片披针形，膜质，长约2毫米；花萼钟状，长5～7毫米，疏被淡黄色腺点和短柔毛，萼齿5枚，披针形，与萼筒近等长，上部的2齿大部分连合；花冠紫色或淡紫色，长9～12毫米，旗瓣卵形或长圆形，长10～11毫米，顶端微凹，瓣柄长为瓣片长的1/2，翼瓣长8～9毫米，龙骨瓣直，长7～8毫米；子房无毛。荚果长圆形，扁，长1.7～3.5厘米，宽4.5～7毫米，微作镰形弯，有时在种子间微缢缩，无毛或疏被毛，有时被或疏或密的刺毛状腺体。种子2～8颗，暗绿色，光滑，肾形，直径约2毫米。花期5～6月，果期7～9月。（图3）

蝶形花

荚果

图3　光果甘草

二、资源分布概况

1. 甘草

产自东北、华北、西北各省区及山东。常生于干旱沙地、河岸砂质地、山坡草地及盐渍化土壤中。

2. 胀果甘草

产自内蒙古、甘肃和新疆。常生于河岸阶地、水边、农田边或荒地中。

3. 光果甘草

产自东北、华北、西北各省区。生于河岸阶地、沟边、田边、路旁，较干旱的盐渍化土壤上亦能生长。

三、生长习性

甘草喜光照充足、降雨量较少、夏季酷热、冬季严寒、昼夜温差大的生态环境，具有适应性强、喜光、耐旱、耐热、耐寒、耐盐碱和耐贫瘠的特性，根系发达，生命力旺盛，生长期长。多生长在干旱、半干旱的砂土、沙漠边缘和黄土丘陵地带，以及干燥草原和向阳山坡。

甘草的地上部分每年秋末枯萎，以根及根茎在土壤中越冬。次春4月在根茎上长出新芽，5月中旬出土返青，6月上旬枝繁叶茂，于下旬开始花期，7月上旬进入盛花期与结实始期，7月中旬进入结实盛期，8月中旬进入果实成熟期，8月下旬至9月上旬进入枯黄始期，9月中下旬进入枯黄盛期，10月上旬进入枯黄末期。

四、栽培技术

1. 种植材料

（1）种子繁殖　选择籽粒饱满、无虫蛀、无腐烂的当年种子。

（2）根茎繁殖　在春秋采收甘草时，将无伤、直径0.5～0.8厘米的根茎剪成10～15厘米长、带有2～3个芽眼的小段。

2. 选地与整地

（1）选地　选择地势高燥，土层深厚、疏松、排水良好的向阳坡地。土壤以略偏碱性的砂质土、砂质壤土或覆砂土为宜。忌涝洼地及黏土地种植。

（2）整地　育苗地播种前年秋季深翻晒土，每亩施充分腐熟的农家肥3000千克或第二年春季播种前每亩施3000千克腐熟的农家肥作基肥，耙碎、耱平、碾实后，以高锰酸钾2500倍液+50%多菌灵可湿性粉剂800倍液进行土壤消毒。根据播种地的灌溉方式，确定大田作业与畦作业。采用漫灌方式，作成宽10米，长30米的平畦或高畦（高25厘米）；大田采取喷灌方式，播种时可不作畦，直接按30米长作一土垄。（图4）

图4　整地

3. 播种

（1）种子繁殖　甘草种子比较坚硬，种皮透水性差，自然条件下萌发率低，在选择种子做播种材料时，要对种子进行预处理。处理方法有物理方法和化学方法两大类。物理方法主要有机械碾磨法、温水浸种法、湿沙埋藏法等。化学方法主要是硫酸处理。

①直播法：即播种后间苗、定苗，至采挖前不再进行移栽的一种栽培方法。播种前首先作畦。畦宽4米，然后灌透水1次，蓄足底墒。播种前种子可先进行催芽处理，也可直接播处理好的干种子。播种量为1.5～2.0千克/亩，播种行距30厘米，播种深度2厘米左右。可采用人工播种，也可采用播种机进行机械播种。播后稍加镇压，一般经1～2周即可出苗。

②育苗移栽法：适宜移栽的时间为早春萌发期和深秋休眠期，可选择春季移栽或秋季移栽。春栽应在4月中下旬土壤解冻后，返青前起苗移栽；秋栽在9月底10月初上冻之前起苗移栽。在选好的土地上，耕细耙匀后，按行距30厘米，开深10～15厘米的沟，把甘草苗芦头以上的茎枝剪去，剪断主根根尖，去除适量侧根，按株距15～20厘米把苗根依次斜摆放于沟内，填土、镇压、浇水，7～10天出苗。（图5）

图5　移栽

（2）根茎繁殖　在整好的田里按行距30厘米，开8～10厘米深的沟，将剪好的根茎节段按株距15厘米平放沟底，覆土压实即可。根茎繁殖以秋季进行较好，可减少春天因采挖或移栽不及时造成的新生芽的损伤，提高成活率。为了防止根茎腐烂，应尽量减少根茎失水，此外还可以在移栽前蘸取多菌灵等杀菌剂。

4. 田间管理

（1）中耕除草　播种保持适宜密度，出苗后及时间苗及除草，保持合理的密度，第1年中耕除草3次以上，第2年从返青到春季甘草旺盛生长期，可进行1～2次中耕除草，中耕

宜浅不宜深，以免根系受到损伤，影响甘草生长。第3年一般可进行1次中耕除草，如果杂草危害不重也可不进行中耕除草。（图6）

（2）间苗、定苗　当幼苗出现3片真叶、苗高6厘米左右时，结合中耕除草间去密生苗和重苗，定苗株距以10～15厘米为宜。

（3）浇水、排水　无论直播或根茎繁殖的甘草，在出苗前都要保持土壤湿润。土壤湿度对甘草生长影响较大，应视土壤墒情确定灌水时间和灌水量。通常定苗后灌第1次水，苗高10厘米左右灌第2次水，如遇降水可适当减少灌溉次数，秋季雨水较多时要注意排水。（图7）

图6　中耕除草

图7　灌溉

（4）追肥　春季整地之前施足基肥，每亩施优质农家肥2000～3000千克，复合肥15千克，尿素10千克，混匀后撒于地面，深翻于地下；第1年随苗期灌水追施氮肥和磷肥；第2或3年每年于甘草发芽之前追施磷肥和钾肥，采用开沟法于行间施肥，深2～5厘米，施肥后覆土灌水。

5. 病虫害防治

（1）病害

①锈病：危害幼嫩叶片。

防治方法 早春夏孢子堆未破裂前及时拔除病株。收获后彻底清除田间病株体，冬春灌水、秋季适时割去地上部茎叶，集中病株残体烧毁，以减轻病害的发生。发病初期喷97%敌锈钠400倍液，也可喷洒波美0.3～0.4度石硫合剂。

②褐斑病：危害叶片。

防治方法 集中病残株烧毁；发病初期喷1∶1∶120波尔多液或70%甲基托布津可湿性粉剂1000～1500倍液。

③白粉病：危害叶片。

防治方法 喷波美0.2～0.3度石硫合剂，或喷洒雷多米尔锰锌每亩100～150克；还可施用粉锈灵，用25%的胶悬剂或可湿性粉剂按800～1000倍液，喷洒消毒。

（2）虫害

①甘草种子小蜂：危害种子。

防治方法 清洁田园，减少虫源；去除虫籽或用西维因粉剂拌种。

②蚜：成虫及若虫危害嫩枝、叶、花、果。

防治方法 用飞虱宝（25%可湿性粉剂）1000～1500倍液、赛蚜朗（10%乳油）1000～2000倍液、吡虫啉（10%可湿性粉剂）1500倍液或蚜虱绝（25%乳油）2000～2500倍液喷洒全株，并在5～7天后再喷1次，便可长期有效控制蚜虫为害。

③跗粗角萤叶甲：危害叶片。

防治方法 可用敌百虫1000倍液于上午11时前喷雾杀虫。

④小绿叶蝉：成虫和幼虫危害叶片。

防治方法 入冬后，彻底清除植株周围落叶及杂草，集中烧毁或深埋，消灭越冬害虫；喷洒50%马拉松乳剂2000倍液，或90%敌百虫1000～1500倍液。

⑤大青叶蝉：危害叶片。

防治方法 可利用灯光诱杀、网捕；也可以用90%敌百虫、80%敌敌畏1000倍液喷杀。

⑥桃蚜：危害叶片、嫩茎、花梗等部位。

防治方法 一般年份可利用瓢虫、草蛉、食蚜蝇等食蚜天敌控制，同时注意田边、渠旁杂草。大发生年份应注意及时防治，注意食蚜天敌控制能力的发挥，药剂使用以短效为主，如敌杀死等。

⑦甘草胭蚧：危害根茎。

防治方法 避免重茬，减少虫源；在7月下旬，可地面喷施10%克蚧灵1000倍液，以减少次年的虫口密度。

五、采收加工

1. 采收

（1）割茎叶 甘草地上茎叶常作为家畜的优质饲料，在营养最佳时期割，利用率最高，但割地上茎叶要在不影响地下根正常发育的情况下进行。当年育苗地和直播地种植的甘草，秧苗高30厘米以上，可在霜冻前割1次，留茬不低于5厘米，如果秧苗生长不足15厘米，最好不割，带秧越冬。生长第2年后的甘草，茎叶生长旺盛，可在现蕾至开花期割第一茬草，此次留茬要高，在霜冻前割第二茬草，此时可割全株，以增加生物产量。人工种植的甘草，如果要采收种子，只能割1次草。

（2）采收种子 在开花结荚期摘除靠近分枝梢部的花或果，收获大而饱满的种子。为增加采收量，最好在开花初期喷防虫农药，减轻豆象和种子小蜂的危害。采种应在荚果脱绿变色、80%呈黄褐色、种子成熟坚硬时采。采收荚果晒干后，滚压脱壳，去除杂质，风选净种。种子入库前需晾晒，使含水量小于7%，如果种子遭受虫害严重，入库前最好用碾米机处理1次，把虫蛀的坏种子打碎清理出去，并在贮藏的种子中加入防虫药剂。

（3）保种 采收回来的荚果晾晒至充分干燥后，利用粉碎调种机械，以低速粉碎荚果，使果皮与种子完全分离，通过风选获取饱满、无病虫害的种子，纯净度须达95%以上。种子平铺席面上置于阳光下晾晒1～2天，使种子含水量低于安全含水量（12%）。

2. 加工

将采挖回来的鲜甘草趁鲜用专用切刀人工切去芦头、侧根、毛根及腐烂变质或损伤严重部分，扎成小把，小垛晾晒。地面以原木架高铺席子再放甘草小捆，上盖席子自然风干。（图8）

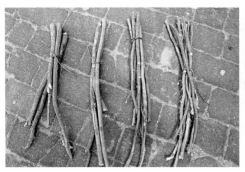

图8 甘草初加工

六、药典标准

1. 药材性状

（1）甘草　根呈圆柱形，长25～100厘米，直径0.6～3.5厘米。外皮松紧不一。表面红棕色或灰棕色，具显著的纵皱纹、沟纹、皮孔及稀疏的细根痕。质坚实，断面略显纤维性，黄白色，粉性，形成层环明显，射线放射状，有的有裂隙。根茎呈圆柱形，表面有芽痕，断面中部有髓。气微，味甜而特殊。

（2）胀果甘草　根和根茎木质粗壮，有的分枝，外皮粗糙，多灰棕色或灰褐色。质坚硬，质纤维多，粉性小。根茎不定芽多而粗大。

（3）光果甘草　根和根茎质地较坚实，有的分枝，外皮不粗糙，多灰棕色，皮孔细而不明显。

2. 鉴别

（1）横切面　木栓层为数列棕色细胞。栓内层较窄。韧皮部射线宽广，多弯曲，常现裂隙；纤维多成束，非木化或微木化，周围薄壁细胞常含草酸钙方晶；筛管群常因压缩而变形。束内形成层明显。木质部射线宽3～5列细胞；导管较多，直径约至160微米；木纤维成束，周围薄壁细胞亦含草酸钙方晶。根中心无髓；根茎中心有髓。

（2）粉末特征　粉末淡棕黄色。纤维成束，直径8～14微米，壁厚，微木化，周围薄壁细胞含草酸钙方晶，形成晶纤维。草酸钙方晶多见。具缘纹孔导管较大，稀有网纹导管。木栓细胞红棕色，多角形，微木化。

3. 检查

（1）水分　不得过12.0%。

（2）总灰分　不得过7.0%。

（3）酸不溶性灰分　不得过2.0%。

（4）重金属及有害元素　照铅、镉、砷、汞、铜测定法测定，铅不得过5毫克/千克；镉不得过1毫克/千克；砷不得过2毫克/千克；汞不得过0.2毫克/千克；铜不得过20毫克/千克。

（5）其他有机氯类农药残留量　照农药残留量测定法测定。含五氯硝基苯不得过0.1毫克/千克。

七、仓储运输

1. 仓储

合格药材与不合格药材隔离存放。贮藏库应具备以下条件：地面整洁、无缝隙、易清洁；库内温度应在30℃以下，湿度在60%以下；保持清洁和通风、干燥、避光、防霉。成品药材按等级分区放置于地仓板之上。地仓板距地面20厘米以上，药材距墙壁50厘米以上。

2. 运输

批量运输时采用具有洁净、通气好、防潮运载容器的运输车辆，严禁与有毒、有害、易串味物质混装。要保持甘草条草干燥并以篷布包严防潮防雨。

八、药材规格等级

（1）野生甘草一等　顶端直径不低于1.5厘米，芦头长20厘米以上的甘草重量占比不超过5%，无分叉，无须根，无0.2厘米以下碎末。

（2）野生甘草二等　顶端直径不低于1.0厘米，芦头长20厘米以上的甘草重量占比不超过10%，无分叉，无须根，无0.2厘米以下碎末。

（3）野生甘草三等　顶端直径不低于0.5厘米，有分叉，须根重量占比不超过5%，无0.2厘米以下碎末。

（4）野生甘草毛草 顶端直径不低于0.5厘米，形状不限，0.2厘米以下碎末重量占比不超过1%。

（5）家种甘草一等 顶端直径不低于2.5厘米，黑芯草重量占比不超过5%，无须根，无0.2厘米以下碎末。

（6）家种甘草二等 顶端直径不低于1.5厘米，黑芯草重量占比不超过10%，无须根，无0.2厘米以下碎末。

（7）家种甘草三等 顶端直径不低于1.0厘米，黑芯草重量占比不超过10%，无须根。

（8）家种甘草四等 顶端直径不低于0.7厘米，黑芯草重量占比不超过10%，无0.2厘米以下碎末。

（9）家种甘草毛草 顶端直径不低于0.5厘米，形状不限，0.2厘米以下碎末重量占比不超过1%。

（10）甘草精选片1.0～1.4 选根条均匀的红皮甘草除去芦头后切片，过孔径1.4厘米和1.0厘米的筛，筛去大片和小片，手工选去裂隙片。外皮红棕色，1.6厘米以上片重量占比不超过5%，1.2厘米以下片重量占比不超过5%，芦头、残次片重量占比不超过4%，裂隙片重量占比不超过5%。

（11）甘草大选片1.8以上 选大条甘草除去部分芦头后切片，过孔径1.8厘米的筛，1.8厘米以上片重量占比不低于90%，1.6厘米以下片重量占比不超过3%，芦头、残次片重量占比不超过15%。

（12）甘草中选片1.2～1.8 选根条较均匀的甘草除去部分芦头后切片，过孔径1.2厘米和1.8厘米的筛，筛去大片和小片。1.6厘米以上片重量占比不低于40%，1.2厘米以下片重量占比不超过5%，芦头、残次片重量占比不超过18%。

（13）甘草小选片0.6～1.2 选根条较均匀的甘草小条，除去部分芦头后切片，过孔径0.6～0.8厘米的筛和孔径为1.2厘米的筛，筛去大片和小片。1.0厘米以上片重量占比不低于20%，0.6厘米以下片重量占比不超过10%，芦头、残次片重量占比不超过10%。

（14）甘草统片 甘草统条切片，1.0厘米以上片重量占比不低于10%，0.6厘米以下片重量占比不超过30%。

（15）甘草小统片0.6以下 甘草小条切片，过孔径0.2厘米的筛，筛去灰末，0.3厘米以下片不超过20%。

九、药用食用价值

1. 临床常用

甘草作为"十方九草，无草不成方"的重要中药材，在医疗和制药方面有着广泛的用途。中医认为，甘草能补脾益气、清热解毒、祛痰止咳、缓急止痛、调和诸药。用于脾胃虚弱、倦怠乏力、心悸气短、咳嗽痰多、四肢疼痛、痈肿疮毒和缓解药物毒性等。能治疗消化性溃疡病如胃溃疡、十二指肠溃疡；能防治急慢性甲型、乙型、非甲乙型肝炎；支气管哮喘；肺结核；抑郁症；贝赫切特综合征（白塞病，口、眼、生殖器综合征）；血栓性静脉炎；解食物中毒，减弱药物毒副作用；消炎抗菌；降血压、降血脂；抗病毒及抗非典型肺炎病毒；具有增强细胞免疫功能的作用。

2. 食疗及保健

甘草提取物是很好的甜味剂、乳化剂和矫味剂。甘草甜素是较好的天然甜味剂，可以用于制作糕点、蜜饯和口香糖等。甘草酸是一种天然乳化剂，可用于起泡沫的饮料及味浓性烈的甜酒生产中，能增加酒味中的香甜度；在面包、蛋糕、饼干等食品中应用，有疏松增泡、增加柔软性的效果。用甘草腌制的凉果，如话梅、甘草榄、甘草金橘、甘草杏脯、甘草柠檬等，不仅甜味适口，而且可止咳化痰。甘草中的黄酮类物质，有良好的抗氧化活性，为天然抗氧剂，用于食用油脂、油炸食品、饼干、方便面、速煮米、干果罐头、干鱼制品和腌制肉制品等。

参考文献

[1] 中国科学院中国植物志编委会. 中国植物志：第42卷[M]. 北京：科学出版社，1993.

[2] 郭巧生. 药用植物栽培学[M]. 北京：高等教育出版社，2006.

[3] 张春红，张娜. 甘草生产加工适宜技术[M]. 北京：中国医药科技出版社，2017.

[4] 龙兴超，郭宝林. 200种中药材商品电子交易规格等级标准[M]. 北京：中国医药科技出版社，2017.

[5] 高雪岩，王文全，魏胜利，等. 甘草及其活性成分的药理活性研究进展[J]. 中国中药杂志，2009，34（21）：2695–2700.

[6] 郑云枫，魏娟花，冷康，等. 甘草属*Glycyrrhiza* L.植物资源化学及利用研究进展[J]. 中国现代中药，2015，17（10）：1096–1108.

[7]　王建国，周忠，刘海峰，等. 甘草的活性成分及其在化妆品中的应用[J]. 日用化学工业，2004，34
　　　（4）：249–251.

[8]　周成明，弓晓杰. 甘草[M]. 北京：中国农业出版社，2010.

_{he} _{tao}
核桃

本品为胡桃科植物胡桃 *Juglans regia* L.的干燥成熟种子。

一、植物特征

落叶乔木，是深根性树种，树高常达
10～25米，干径可达1米左右，冠幅6～16
米，树干老皮灰色，幼枝平滑，老枝有纵
裂，一年生枝髓大。奇数羽状复叶，花单
性，雌雄同株异花，雄花为葇荑花序，
长8～12厘米，雌花序顶生，雌花单生、
双生或群生，无花瓣和萼片，柱头羽状2
裂，黄色，子房为下位一心室。果实为假
核果，果实圆形、椭圆形或卵圆形，幼时
有黄褐色绒毛，成熟时无毛，表面绿色，
具稀密不等的黄白色斑点。种仁呈脑状，
被浅黄色或黄褐色种皮。（图1）

二、资源分布概况

核桃是中国经济林树种中分布最广

图1　胡桃

泛的树种之一，也是生态建设的先锋树种，东至辽宁丹东、西至新疆塔什库尔干，南至云南勐腊，北至新疆博乐，垂直分布海拔高差达4000多米，除黑龙江、上海、广东、海南等省外，其他各省（自治区、直辖市）均有栽培，主产区为山西、河北、陕西、甘肃、辽宁、云南、四川、山东、新疆等省（区）。

我国栽培核桃主要是普通核桃和铁核桃，铁核桃主要分布在云南、贵州全境和四川、湖南、广西的西部及西藏南部，其他地区栽培的均为普通核桃。山西的汾阳、孝义、左权，山东的泰安，河北的昌黎、涉县，陕西的商洛，青海的民和，甘肃的武威、陇南等都是我国久负盛名的核桃产区；山西的汾州核桃，河北的石门核桃都是著名的地方良种。

三、生长习性

核桃是温带树种，喜温暖气候，较耐盐碱，土壤适宜pH为6.2；喜3～4级的和风，忌大风沙尘天气。年平均气温在10～14℃，绝对最低气温–25℃以内。气温在35℃时，光合作用停止，超过37.7℃会使枝干或果实受日灼为害。落花后为果实增大期，如遇干旱会影响核壳和核仁的发育。稍耐侧方遮荫，但不能忍受顶部荫蔽。受荫蔽的部位难形成花芽甚至使枝条干枯。

四、栽培技术

1. 种植材料

有性繁殖以生长健壮、无病虫害、种仁饱满的壮龄树为采种母树。无性繁殖以核桃实生苗为砧木。

2. 选地与整地

（1）选地　选择背风向阳、排水良好的山地缓坡地、平地。土壤以壤土或砂壤土为宜，土壤pH值6.2～8.2。

（2）整地　深翻土地，深度30～40厘米；施足基肥，每亩施农家肥30 000～75 000千克，然后平整地面。无性繁殖，每穴施农家肥50千克，混入磷肥和复合肥2.5千克，坑底还可以压入2.5～5千克的秸秆杂草。

3. 播种

（1）无性繁殖　春季土壤解冻后至萌芽前，平地行距4～5米，株距2～3米；山地行距8～9米，株距6～8米。挖坑的直径和深度一般在80～100厘米。春季挖好坑，直接栽树时将表土混合有机肥回填至距离地面20厘米左右，边回填边踩实。秋季栽植在苗木落叶之后至土壤上冻之前。秋季挖好坑后将表土混合有机肥回填，浇水沉实。

（2）有性繁殖　先将种子放进水中，用木板压入水中，每天换水并搅动一次，7～10天后取出在太阳下晒2～3小时，做畦床或沟垄，底宽30～40厘米，高15～20厘米。种子放置时缝合线应与地面垂直。在春季土壤解冻后播种。播种前先灌足底水，待水渗透晾干后，表土松散时在畦床上开10厘米深的沟，行距25～30厘米，株距15～20厘米。作成土垄育苗，可不浇底水，在垄上按15～20厘米的株距播种，覆土后再灌足水。每亩用种量100～150千克。

4. 田间管理

（1）中耕除草　全年除草2～3次，可在春季和麦收前后各除草一次。

（2）定干　春季萌芽前早实核桃为0.6～1.1米，晚实核桃为1.2～2米。剪口离芽1.5～2厘米。

（3）修剪　成年大树以冬季修剪为主，幼树以夏季修剪为主。冬季修剪在12月中旬至次年3月中旬。

（4）追肥　每株年施入量为：幼龄期施氮50～100克，磷20～40克，钾20～40克，有机肥5千克，氮、磷、钾比例为2.5∶1∶1；结果初期施氮200～400克，磷100～200克，钾100～200克，有机肥20千克，氮、磷、钾比例为2∶1∶1；盛果期施氮600～1200克，磷400～800克，钾400～800克，有机肥50千克，氮、磷、钾比例为3∶2∶2。第一次追肥，早实核桃在雌花开放以前，晚实核桃在展叶初期；第二次，早实核桃在开花后，晚实核桃在展叶末期；第三次6月下旬结果期；第四次果实采收以后。

（5）排灌水　早春核桃萌动前后和10月末至11月时各浇一次；开花期、开花后、花芽分化期应视情况及时排灌水。

5. 病虫害防治

（1）核桃褐斑病　结合修剪，清除病枝，收拾枯枝病果，集中烧毁或深埋，消灭越冬病菌，减少侵染病源；核桃发芽前喷一次5波美度石硫合剂；萌芽后、展叶前喷1∶0.5∶200

（硫酸铜：生石灰：水）的波尔多液；在5～6月发病期，用50%甲基托布津可湿性粉剂800倍液防治，效果较好。

（2）核桃仁霉烂病　选用抗病品种，提高树体抗性；采收时防止损伤，储藏前剔除病虫果，及时晾晒或烘干，使果仁含水量不高于8%，长期储藏时含水量不超过7%，储藏期注意保持低温和通风，防止潮湿；药剂防治：发芽前喷3～5波美度石硫合剂；发芽前后喷1：2：200波尔多液或40%退菌特可湿性粉剂800倍液；采收后及时脱除青皮晾晒至干，储藏时用甲醛或硫黄对储藏场所、包装材料密闭熏蒸。

（3）核桃举肢蛾　在土壤上冻前或解冻后清除残枝落叶；在8月份以前及时摘除树上虫果，捡拾落地虫果，集中处理；5月上中旬，在树冠下撒毒土，每亩撒施杀螟松粉2～3千克，或每株树冠下25%西维因粉0.1～0.2千克，或喷50%辛硫磷乳油或40%毒死蜱500倍液，喷后浅锄一遍；成虫产卵期及幼虫初孵期，每隔10～15天喷洒一次杀虫剂。可选药剂有10%吡虫啉可湿性粉剂4000～6000倍液，5%吡虫啉乳油2000～3000倍液，2.5%敌杀死乳油1500～2500倍液等。

（4）草履蚧　若虫上树前，用6%的柴油乳剂喷湿根颈部周围土壤；春季树干涂6～10厘米宽黏虫胶带；若虫上树初期喷40%乐果800倍液。

五、采收加工

1. 采收

（1）采收时期　青果皮由绿变黄，部分顶部开裂。北方在9月上旬至中旬，南方相对早些。

（2）采摘方法　人工采摘，在果实成熟时，用竹竿或带弹性的长木杆从上到下、从内向外敲击果实。

（3）脱皮　堆沤脱皮法是我国传统的核桃脱皮方法。其技术要点是果实采收后及时运到室外阴凉处或室内，切忌在阳光下曝晒，然后按50厘米左右的厚度堆成堆，不要堆积过厚，堆积过厚易腐烂。若在果堆上加1层10厘米左右厚的干草或干树叶，则可提高堆内温度，促进果实后熟，加快脱皮速度。一般堆沤3～5天，当青果皮离壳或开裂达50%以上时，即可用棍敲击脱皮。对未脱皮者可再堆沤数日，直到全部脱皮为止。堆沤时勿使青果皮变黑，甚至腐烂，以免污液渗入壳内污染种仁降低坚果品质和商品价值。

2. 加工

人工取仁和机械取仁。人工取仁时要清理好场地，将缝合线与地平线平行放置，用力要匀，切忌猛击或多次连击，取仁时需带上干净手套，将仁放入干净容器。

六、药典标准

1. 药材性状

本品多破碎，为不规则的块状，有皱曲的沟槽，大小不一；完整者类球形，直径2～3厘米。种皮淡黄色或黄褐色，膜状，维管束脉纹深棕色。子叶类白色。质脆，富油性。气微，味甘；种皮味涩、微苦。

2. 鉴别

本品粉末黄白色或淡棕色。种皮表皮细胞淡棕色至棕色，表面观呈类多角形，直径14～50微米，细胞壁平直，有的略呈连珠状增厚，细胞内含黄棕色物。气孔多见，扁圆形，直径42～68微米，有的保卫细胞不等大，副卫细胞3～8个。

3. 检查

（1）水分　不得过7.0%。

（2）酸值　不得过10.0。

（3）羰基值　不得过10.0。

（4）过氧化值　不得过0.10。

七、仓储运输

1. 仓储

核桃坚果产品贮藏的仓库应干燥、低温（0～4℃）、通风、防止受潮。核桃坚果入库后要在库房中加强防霉、防虫蛀、防出油、防鼠等措施。

2. 运输

核桃坚果在运输过程中，应防止雨淋、污染和剧烈碰撞。

八、药材规格等级

（1）特级　坚果充分成熟，壳面洁净，缝合线紧密，无露仁、虫蛀、出油、霉变、异味等果。无杂质，未经有害化学漂白处理；果形大小均匀，性状一致；外壳自然黄白色；种仁饱满，色黄白，涩味淡；横径≥30毫米；平均果重≥12克；易取整仁；出仁率≥53.0%；空壳果率≤1.0%；破损果率≤0.1%；黑斑果率0；含水率≤8.0%；脂肪含量≥65.0%；蛋白质含量≥14.0%。

（2）一级　坚果充分成熟，壳面洁净，缝合线紧密，无露仁、虫蛀、出油、霉变、异味等果。无杂质，未经有害化学漂白处理；果形大小均匀，性状一致；外壳自然黄白色；种仁饱满，色黄白，涩味淡；横径≥30毫米；平均果重≥12克；易取整仁；出仁率≥48.0%；空壳果率≤2.0%；破损果率≤0.1%；黑斑果率≤0.1%；含水率≤8.0%；脂肪含量≥65.0%；蛋白质含量≥14.0%。

（3）二级　坚果充分成熟，壳面洁净，缝合线紧密，无露仁、虫蛀、出油、霉变、异味等果。无杂质，未经有害化学漂白处理；果形大小均匀，性状一致；外壳自然黄白色；种仁饱满，色黄白，涩味淡；横径≥28毫米；平均果重≥10克；易取1/2仁；出仁率≥43.0%；空壳果率≤2.0%；破损果率≤0.2%；黑斑果率≤0.2%；含水率≤8.0%；脂肪含量≥60.0%；蛋白质含量≥12.0%。

（4）三级　坚果充分成熟，壳面洁净，缝合线紧密，无露仁、虫蛀、出油、霉变、异味等果。无杂质，未经有害化学漂白处理；外壳自然黄白色或黄褐色；种仁较饱满，色黄白或浅琥珀色，稍涩；横径≥26毫米；平均果重≥8克；易取1/4仁；出仁率≥38.0%；空壳果率≤3.0%；破损果率≤0.3%；黑斑果率≤0.3%；含水率≤8.0%；脂肪含量≥60.0%；蛋白质含量≥12.0%。

九、药用食用价值

1. 临床常用

（1）肾阳虚衰，腰痛脚弱，小便频数　本品温补肾阳，其力较弱，多入复方。常与杜仲、补骨脂、大蒜等同用，治肾亏腰酸，头晕耳鸣，尿有余沥；或与杜仲、补骨脂、萆薢等同用，治肾虚腰膝酸痛，两足痿弱。

（2）肺肾不足，虚寒喘咳，肺虚久咳、气喘　本品长于补肺肾、定喘咳，常与人参、生姜同用，治疗肺肾不足，肾不纳气所致的虚喘证。

（3）肠燥便秘　可单独服用，亦可与火麻仁、肉苁蓉、当归等同用。

2. 食疗及保健

（1）清补食品　①桃仁炖墨鱼：墨鱼50克，核桃仁10克，葱、姜、盐适量；做法：将墨鱼水泡后，去骨、皮，洗净，将墨鱼、桃仁放入砂锅内，加葱、姜、盐、清水（适量），用武火烧沸后，转用文火炖，至墨鱼熟透即成；功效：破血行瘀，润燥滑肠。②茯苓核桃仁煮南瓜：茯苓10克，核桃仁30克，南瓜250克，姜5克，葱5克，鸡油25克，盐、味精少许；做法：将茯苓研成细粉，核桃仁去皮，南瓜去皮、瓤，切2厘米宽、4厘米长的块，姜切片，葱切段，将茯苓粉、核桃仁、南瓜、姜、葱同放炖锅内，加入清水800毫升，置武火烧沸，再用文火煮35分钟，加入盐、味精、鸡油即成；功效：除湿退热，乌发护发。

（2）补益保健茶　①核桃仁绿茶：核桃仁末6克，绿茶3克；服法：将绿茶用沸水冲泡5分钟取汁兑入核桃仁末调匀即成，每日1剂，一次饮服；功效：健壮，润肌，黑须发，利尿，祛痔，开胃，补气养血，润燥化痰。②松仁核桃饮：松子仁、核桃仁各10克，蜂蜜适量；服法：将松子仁、核桃仁研成粉，放入杯中，冲入沸水，待晾温后调入蜂蜜饮用；功效：可润肠燥、益肺气、补肾亏。③核桃五味子茶：核桃仁粉20克，五味子粉10克，蜂蜜适量；服法：将核桃仁粉和五味子粉放入杯中，冲入沸水，待晾温后调入蜂蜜，搅匀后即可饮用；功效：补肾虚，益肾气，强腰膝，止咳喘。

参考文献

[1]　张鹏飞. 图说核桃周年修剪与管理[M]. 北京：化学工业出版社，2015.

[2]　高学敏. 中药学[M]. 北京：中国中医药出版社，2002：284–285.

[3]　罗秀钧. 优质高档核桃生产技术[M]. 郑州：中原农民出版社，2003：86–98.

黄芪
huang qi

本品为豆科植物蒙古黄芪Astragalus membranaceus（Fisch.）Bge. var. mongholicus（Bge.）Hsiao或膜荚黄芪Astragalus membranaceus（Fisch.）Bge.的干燥根。

一、植物特征

1. 膜荚黄芪

多年生草本，高50～100厘米。主根肥厚，木质，常分枝，灰白色。茎直立，上部多分枝，有细棱，被白色柔毛。羽状复叶有13～27片小叶，长5～10厘米；叶柄长0.5～1.0厘米；托叶离生，卵形、披针形或线状披针形，长4～10毫米；下面被白色柔毛或近无毛；小叶椭圆形或长圆状卵形，长7～30毫米，宽3～12毫米，先端钝圆或微凹，具小尖头或不明显，基部圆形，上面绿色，近无毛，下面被伏贴白色柔毛。总状花序稍密，有10～20朵花；总花梗与叶近等长或较长，至果期显著伸长；苞片线状披针形，长2～5毫米，背面被白色柔毛；花梗长3～4毫米，连同花序轴稍密被棕色或黑色柔毛；小苞片2；花萼钟状，长5～7毫米，外面被白色或黑色柔毛，有时萼筒近于无毛，仅萼齿有毛，萼齿短，三角形至钻形，长仅为萼筒的1/5～1/4；花冠黄色或淡黄色，旗瓣倒卵形，长12～20毫米，顶端微凹，基部具短瓣柄，翼瓣较旗瓣稍短，瓣片长圆形，基部具短耳，瓣柄较瓣片长约1.5倍，龙骨瓣与翼瓣近等长，瓣片半卵形，瓣柄较瓣片稍长；子房有柄，被细柔毛。荚果薄膜质，稍膨胀，半椭圆形，长20～30毫米，宽8～12毫米，顶端具刺尖，两面被白色或黑色细短柔毛，果颈超出萼外；种子3～8颗。花期6～8月，果期7～9月。（图1）

图1 膜荚黄芪（甘肃省渭源县）

2. 蒙古黄芪

植株较原变种矮小，小叶亦较小，长5～10毫米，宽3～5毫米，荚果无毛。（图2）

图2　蒙古黄芪

二、资源分布概况

黄芪种植品种以蒙古黄芪为主，主要产于山西浑源、应县、繁峙、代县，甘肃陇西、渭源、岷县、临洮，内蒙古固阳、武川、达茂、土右、前旗等地。近年来，山东、宁夏、河北、辽宁、吉林、黑龙江、陕西、新疆等省区兼有种植。

三、生长习性

黄芪喜阳光，耐干旱，怕涝，喜凉爽气候，耐寒性强，可耐受-30℃以下低温，怕炎热，适应性强。多生长在海拔800～1300米的山区或半山区的干旱向阳草地上，或向阳林缘树丛间，土壤以山地森林暗棕壤土为宜。（图3）

黄芪从播种到种子成熟要经过5个时期：幼苗生长期、枯萎越冬期、返青期、孕蕾开花期和结果种熟期。其生长周期为5～10年。二年生以上黄芪一般在6月初出现花芽，逐渐膨大，花梗抽出，花蕾逐渐形成，蕾期20～30天。7月初花蕾开放，花期为20～25天。从小花凋谢至果实成熟为结果期。7月中旬进入果期，约为30天。

图3 恒山黄芪生境

四、栽培技术

1. 种植材料

黄芪生产可用种子直播，也可用育苗移栽，选择上年采收的、种皮黄褐色或棕黑色、发芽率70%以上的优良黄芪种子为生产材料。（图4）

2. 选地与整地

（1）选地 黄芪为深根药材，土壤养分消耗大，宜选择地势向阳，土层深厚、土质

1cm

图4 蒙古黄芪种子

疏松、腐殖质多、能排能灌的中性和微碱性壤土或砂质壤土，低洼、黏土、重盐碱地均不宜栽种。

（2）整地 以秋季翻地为好。一般耕深30～45厘米，结合翻地施基肥，每亩施农家肥2500～3000千克、饼肥50千克、过磷酸钙25～30千克；也可春季翻地，但要注意土壤保墒，然后耙细整平，作畦或垄，一般垄宽40～45厘米，垄高15～20厘米，排水好的地方可作成宽1.2～1.5米的宽垄。

3. 播种

黄芪春、夏、秋三季均可播种，春季于4月上旬播种，夏季于6~7月雨季播种，最迟不超过7月20日，也可以于后秋地冻前大约10月下旬播种。播种前都需对种子进行预处理，一般采用机械法或硫酸法对黄芪种子进行预处理。

（1）直播　保持土壤湿润，15日左右即可出苗。播种方法一般采用条播或穴播。穴播按行距33厘米、穴距27厘米挖浅坑；条播按行距20厘米开浅沟（沟深1厘米）种子拌适量细沙，均匀撒于沟内，覆土约1厘米镇压。播种量1.5~2.0千克/亩。播种时，将种子用菊酯类农药拌种防地下害虫，播后覆土1.5~2.0厘米镇压，施底肥磷酸二铵8~10千克/亩，硫酸钾5~7千克/亩。播种至出苗期要保持地面湿润或加覆盖物以促进出苗。穴播多按20~25厘米穴距开穴，每穴点种3~10粒，覆土1.5厘米，踩平，播种量1千克/亩。

（2）育苗移栽　按行距15~20厘米条播，每亩用种量5~6千克。育苗一年后，于早春土壤解冻后，边起边栽，按行距30~35厘米开沟，沟深10~15厘米，选择根条直、健康无病、无损伤的根条，按15厘米左右的株距顺放于沟内，覆土3厘米左右，压实后浇透水。

4. 田间管理

（1）间苗与定苗　播种后20天左右应及时进行查苗补苗，对缺苗断垄的地块进行补种。补种时在缺苗处开浅沟，将种子撒于沟内，覆少量湿土盖住种子即可。补种时间不得晚于7月中旬。

（2）中耕与除草　播种当年不除草，以后每年黄芪返青后封垄前进行一次中耕锄草，7月上旬根据杂草生长情况进行拔草。

（3）摘蕾与打顶　7月上旬摘除花序或打顶10厘米。留种田摘除植株上部小花序。摘除花序有利于集中营养供给根部或留下的种子。

（4）施肥　黄芪喜肥，在第一、二年生长最旺盛，根部生长也较快，每年可结合中耕除草施肥2~3次。第一次每亩沟施无害化处理后的肥1000千克，或硫酸铵20千克。第二次以磷钾肥为主，用腐熟的堆肥1500千克与过磷酸钙50千克、硫酸铵10千克混匀后施入。第三次于秋季地上部分枯萎后，每亩施入腐熟的厩肥250千克、过磷酸钙5千克、饼肥15千克，于行间开沟施入，施后培土。

（5）越冬管理　进入冬季，黄芪枝叶枯萎，要及时清除残枝枯叶，除去田间地埂杂草，集中堆沤，消除病虫害的越冬场所，以减少病虫害的越冬基数。另外，加强冬季看护，禁牧，禁止人畜践踏，禁止放火烧坡。

5. 病虫害防治

（1）白粉病　主要危害叶片，也可侵染叶柄、茎和荚果。

防治方法　彻底清除病残体，加强栽培管理，合理密植，注意株间通风透光，增强植株抗病性。选用新茬地种植，避免连作及在低洼潮湿地块种植。加强田间调查，发现发病中心及时组织防治。

（2）白绢病　危害根系。

防治方法　①合理轮作：轮作的时间以间隔3～5年较好。②土壤处理：可于播种前施入杀菌剂进行土壤消毒，常用的杀菌剂为50%可湿性多菌灵400倍液，拌入2～5倍的细土。

（3）根结线虫病　危害根部。

防治方法　①忌连作。②及时拔除病株。③施用农家肥应充分腐熟。④土壤消毒参照白绢病。

（4）根腐病　被害黄芪地上部枝叶发黄，植株萎蔫枯死。地下部主根顶端或侧根首先罹病，然后渐渐向上蔓延。受害根部表面粗糙，呈水渍状腐烂，其肉质部红褐色。严重时，整个根系发黑溃烂。

防治方法　整地时进行土壤消毒，播种前进行种子处理，特别是对低洼潮湿地块要重点处理，防止病菌扩散，加强田间排水，必要时辅以药剂防治。

（5）锈病　危害叶片。

防治方法　①合理密植。②彻底清除田间病残体，及时喷洒硫制剂或20%粉锈宁可湿性粉剂2000倍液。③注意开沟排水，降低田间湿度，减少病菌为害。选择排水良好、向阳、土层深厚的砂壤土种植。

（6）食心虫　危害荚果。

防治方法　应以黑光灯诱杀成虫并保护天敌，实行以虫治虫为主。

（7）蚜虫　危害枝头幼嫩部分及花穗等。

防治方法　用40%乐果乳油1500～2000倍液，或用1.5%乐果粉剂，或2.5%敌百虫粉剂喷粉，每3日喷1次，连续2～3次。

五、采收加工

1. 采收

黄芪的采收年限一般为2～3年。当霜降地上部分枯萎时，或春季土壤解冻以后至植株萌芽前采挖，以秋季采收为佳，此时水分小、粉性足、质坚实。黄芪传统为人工采挖，费工费时，现在种植黄芪多采用机械采挖，可提高效率，降低成本。采收于秋季茎叶枯萎后进行，将根从土中深挖出来，避免挖断主根或碰伤根皮。

2. 加工

将挖出的根，除去泥土，剪掉芦头、须根，置烈日下曝晒（边晒边揉）或炕烘，至半干时，将根理直，用细铁丝扎把，捆成小捆，再晒或炕至全干。条粗长，质硬而韧，表面淡黄色，断面外层白色，中间淡黄色，粉性足、味甜者为佳。干品放通风干燥处贮藏。（图5）

图5　黄芪扎把阴干

六、药典标准

1. 药材性状

本品呈圆柱形，有的有分枝，上端较粗，长30～90厘米，直径1～3.5厘米。表面淡棕黄色或淡棕褐色，有不整齐的纵皱纹或纵沟。质硬而韧，不易折断，断面纤维性强，并显粉性，皮部黄白色，木部淡黄色，有放射状纹理和裂隙，老根中心偶呈枯朽状，黑褐色或呈空洞。气微，味微甜，嚼之微有豆腥味。

2. 鉴别

（1）横切面　木栓细胞多列；栓内层为3～5列厚角细胞。韧皮部射线外侧常弯曲，有裂隙；纤维成束，壁厚，木化或微木化，与筛管群交互排列；近栓内层处有时可见石细胞。形成层成环。木质部导管单个散在或2～3个相聚；导管间有木纤维；射线中有时可见单个或2～4个成群的石细胞。薄壁细胞含淀粉粒。

（2）粉末特征　粉末黄白色。纤维成束或散离，直径8～30微米，壁厚，表面有纵裂纹，初生壁常与次生壁分离，两端常断裂成须状，或较平截。具缘纹孔导管无色或橙黄色，具缘纹孔排列紧密。石细胞少见，圆形、长圆形或形状不规则，壁较厚。

3. 检查

（1）水分　不得过10.0%。

（2）总灰分　不得过5.0%。

（3）重金属及有害元素　照铅、镉、砷、汞、铜测定法测定，铅不得过5毫克/千克；镉不得过1毫克/千克；砷不得过2毫克/千克；汞不得过0.2毫克/千克；铜不得过20毫克/千克。

（4）其他有机氯类农药残留量　照农药残留量测定法测定。五氯硝基苯不得过0.1毫克/千克。

4. 浸出物

照水溶性浸出物测定法项下的冷浸法测定，不得少于17.0%。

七、仓储运输

1. 仓储

仓储药材的仓库应通风、干燥、避光，30℃以下，相对湿度60%～75%，商品安全含水量10%～13%，必要时安装空调及除湿设备，并具有防鼠、虫、禽畜的措施。贮藏期间应定期检查、消毒，经常通风，必要时可以密封氧气充氮养护，发现虫蛀可用磷化铝等熏蒸。

2. 运输

药材批量运输时，不应与其他有毒、有害、易串味物品混装。运载容器应具有较好的通气性，以保持干燥，并应有防潮措施。

八、药材规格等级

山西黄芪商品等级自古较多，历史上有原生芪、绵芪、浑源芪、炮台芪、白皮芪、冲正芪等。

1. 原芪（用于收购）

以有芦头、尾梢、须根，枯朽，无杂质、无泥土为合格。收购鲜芪和干芪分大条、中条、小条。规格如下。

大条：鲜芪长度为0.4～2米，主干中段粗度为2厘米以上；干芪长度为0.4～2米，主干中段粗度为1.6厘米以上。

中条：鲜芪长度为0.35～1.5米，主干中段粗度为1.5厘米以上；干芪长度为0.35～1.5米，主干中段粗度为1.0厘米以上。

小条：鲜芪长度为0.3～1米，主干中段粗度为1.0厘米以上；干芪长度为0.3～1米，主干中段粗度为0.6厘米以上。

2. 正黑芪

表面染成深蓝黑色，摸之手染有蓝黑色，单枝、皮嫩，粉性足，糟头不超过3厘米，眼圈圆，芪身直，头割平，空心小于直径的1/3。等级如下。

特等：芪身长25厘米以上（芪身长25～40厘米≤15%；40～80厘米≤60%；80厘米以上≥25%），头部断面下翻10厘米处直径1.6厘米以上，末端直径不小于1.0厘米。

一等：芪身长25厘米以上（芪身长25～40厘米≤15%；40～80厘米≤60%；80厘米以上≥25%），头部断面下翻10厘米处直径1.4厘米以上，末端直径不小于0.9厘米。

二等：芪身长25厘米以上（芪身长25～40厘米≤15%；40～80厘米≤60%；80厘米以上≥25%），头部断面下翻10厘米处直径1.2厘米以上，末端直径不小于0.8厘米。

三等：芪身长25厘米以上（芪身长25～40厘米≤15%；40～80厘米≤60%；80厘米以上≥25%），头部断面下翻10厘米处直径1.0厘米以上，末端直径不小于0.7厘米。

四等：芪身长25厘米以上（芪身25～40厘米≤15%；40～80厘米≤60%；80厘米以上≥25%），头部断面下翻10厘米处直径0.8厘米以上，末端直径不小于0.6厘米。

3. 正白芪

单枝，皮嫩色黄，质坚，粉性强，条干顺直，口面平整，无空心、糟皮，无霉变，自然水分含量不超过10%。等级如下。

一等：芪身长25厘米以上占15%；40厘米以上占60%；80厘米以上占25%；头部断面下翻10厘米处直径1.2厘米，长度25厘米以上，末端直径不小于0.8厘米。

二等：芪身长25厘米以上占15%；40厘米以上占60%；80厘米以上占25%；头部断面

下翻10厘米处直径1.0厘米，长度25厘米以上，末端直径不小于0.7厘米。

三等：芪身长25厘米以上占15%；40厘米以上占60%；80厘米以上占25%；头部断面下翻10厘米处直径0.8厘米，长度25厘米以上，末端直径不小于0.6厘米。

四等：芪身长25厘米以上占15%；40厘米以上占60%；80厘米以上占25%；头部断面下翻10厘米处直径0.6厘米，长度20厘米以上，末端直径不小于0.5厘米。

4. 副白芪

头部断面下翻10厘米处直径0.5厘米，长度10厘米以上，末端直径不小于0.4厘米。

5. 炮台芪

挑大小适中，粗细均匀，质地柔嫩者，切去头尾，用自来水润至柔软，用板搓直，晾干，扎成炮台形。

商品呈匀条圆柱形，顺直，单枝头尾修切，根头切口处不显空头，头尾粗细均匀，长20～25厘米，直径0.8～1厘米。表面灰黄色，较光滑。质柔嫩，断面纤维性而不强，皮部黄白色，木部较细密，金黄色。气香，味甜，有豆腥味。

九、药用食用价值

1. 临床常用

黄芪除具有补益强壮、益气升阳、利水消肿、托毒排脓的功效外，现代药理研究证实还具有多方面的药理作用：如有显著的抗缺氧、抗疲劳和增强免疫功能等作用；同时，黄芪尚具有明显的利尿降压和改善微循环等心血管方面的作用；对胃和十二指肠溃疡及急、慢性肾炎、慢性迁延性肝炎也有一定的消炎治疗作用。尤其对于阳气虚弱、痈疽溃后久不愈合的"久败"患者可有托毒、排脓、生肌的功效。

2. 食疗及保健

黄芪在山西省和甘肃省等地区有作为食品原料应用的历史，主要方法为炖汤、炖肉、煮粥、蒸米饭、煮菜、加入火锅中直接食用，或用于泡酒、泡水、混合蜂蜜食用等。

黄芪具有良好的防病保健作用。黄芪和人参均属补气良药，人参偏重于大补元气，回阳救逆，常用于虚脱、休克等急症，效果较好。而黄芪则以补虚为主，常用于体衰日久、言语低弱、脉细无力者。有些人一遇天气变化就容易感冒，中医称为"表不固"，可用黄芪来固表，常服黄芪可以避免经常性的感冒。

现代医学研究表明，黄芪有增强机体免疫功能、保肝、利尿、抗衰老、抗应激、降压和较广泛的抗菌作用。能消除实验性肾炎蛋白尿，增强心肌收缩力，调节血糖含量。黄芪不仅能扩张冠状动脉，改善心肌供血，提高免疫功能，还能够延缓细胞衰老的进程。黄芪食用方便，可煎汤、煎膏、浸酒、入菜肴等。

参考文献

[1] 中国科学院中国植物志编委会. 中国植物志：第42卷[M]. 北京：科学出版社，2004.

[2] 谢宗万. 全国中草药汇编（第二版）上册[M]. 北京：人民卫生出版社，1996：788−789.

[3] 段琦梅. 黄芪生物学特性研究[D]. 杨凌：西北农林科技大学，2005.

[4] 郭巧生. 药用植物栽培学[M]. 北京：高等教育出版社，2006.

[5] 刘根喜，滕训辉. 黄芪生产加工适宜技术[M]. 北京：中国医药科技出版社，2017.

[6] 张天鹅，刘湘琼. 恒山黄芪病虫种类及发生规律调查[J]. 农业技术与装备，2011（3）：38−40.

[7] 李瑞芬，周玉枝，乔莉，等. 蒙古黄芪化学成分的分离与鉴定[J]. 沈阳药科大学学报，2007，24（1）：20−22.

[8] 周承. 中药黄芪药理作用及临床应用研究[J]. 亚太传统医药，2014，10（22）：100−101.

[9] 李荣进. 黄芪的生物学特征、功效及现代制剂的研究进展[J]. 临床合理用药，2012，5（9A）：176−177.

huang qin

黄芩

本品为唇形科植物黄芩*Scutellaria baicalensis* Georgi的干燥根。

一、植物特征

多年生草本；根茎肥厚，肉质，径达2厘米，伸长而分枝。茎基部伏地，上升，高（15）30～120厘米，基部径2.5～3毫米，钝四棱形，具细条纹，近无毛或被上曲至开展的柔毛，绿色或带紫色，自基部多分枝。叶坚纸质，披针形至线状披针形，长1.5～45厘米，宽（0.3）0.5～1.2厘米，顶端钝，基部圆形，全缘，上面暗绿色，无毛或疏被贴生至开展的微柔毛，下面色较淡，无毛或沿中脉疏被微柔毛，密被下陷的腺点，侧脉4对，中脉上面下陷、下面凸出；叶柄短，长2毫米，腹凹背凸，被微柔毛。花序在茎及枝上顶生，总状，长7～15厘米，常在茎顶聚成圆锥花序；花梗长3毫米，与序轴均被微柔毛；苞片下部者似叶，上部者较小，卵圆状披针形至披针形，长4～11毫米，近于无毛。花萼开花时长4毫米，盾片高1.5毫米，外面密被微柔毛，边缘被疏柔毛，内面无毛，果时花萼长5毫米，有高4毫米的盾片。花冠紫色、紫红色至蓝色，长2.3～3厘米，外面密被具腺短柔毛，内面在囊状膨大处被短柔毛；冠筒近基部明显弯曲，中部径1.5毫米，至喉部宽达6毫米；冠檐2唇形，上唇盔状，先端微缺，下唇中裂片三角状卵圆形，宽7.5毫米，两侧裂片向上唇靠合。雄蕊4，稍露出，前对较长，具半药，退化半药不明显，后对较短，具全药，药室裂口具白色髯毛，背部具泡状毛；花丝扁平，中部以下前对在内侧，后对在两侧，被小疏柔毛。花柱细长，先端锐尖，微裂。花盘环状，高0.75毫米，前方稍增大，后方延伸成极短子房柄。子房褐色，无毛。小坚果卵球形，高1.5毫米，径1毫米，黑褐色，具瘤，腹面近基部具果脐。花期7～8月，果期8～9月。（图1）

二、资源分布概况

栽培黄芩资源在我国北方各省均有分布，但以山西、河北、甘肃、山东、内蒙古等地栽培面积较大，形成多个典型的种植区域。通过对不同栽培地调查发现，目前山西省南部（临汾市曲沃县，运城市新绛县、绛县）和北部（大同市灵丘县）、河北省北部（承德市燕山山地丘陵、坝上地区）、内蒙古中东部（赤峰市、武川县）、辽宁省（锦州市、葫芦岛市）、山东省（临沂市平邑县、日照市莒县）、吉林省（长春市）以及甘肃省（天水市、陇南市）等地是黄芩种植比较集中的地区。

黄芩为山西省大宗地产药材之一。20世纪90年代以前主要靠野生资源供应市场，年最高收购量为446万千克（1983年），年最高销售量121万千克。由于过度采挖，资源受到严重破坏，造成野生黄芩资源面临枯竭。山西黄芩种植历史记录显示，1977年种植面积为

图1 黄芩

3亩，1978年种植面积为1050亩。进入20世纪80年代末本省开始野生变家种技术研究，在天镇、太谷、曲沃等地有少量种植，从2000年开始，晋南地区黄芩的种植才得到进一步发展，其种植区域遍布全省各地，使山西成为全国黄芩四大产区之一。目前本省运城和临汾两地黄芩的种植面积均在2万亩以上，产量在600万千克以上，居全国之首，其中绛县"南樊黄芩"由于其黄芩苷含量高，在市场上占主导地位。

三、生长习性

黄芩适应性强，喜温暖湿润气候，耐严寒，地下部可忍受–30℃的低温，喜阳光，耐旱，怕涝。在排水不良或多雨地区种植，生长不良容易引起烂根。对土壤要求不严，凡土层深厚、排水渗水良好、疏松肥沃、阳光充足、中性或近中性的壤土、砂壤土，平地、缓坡地、梯田均可种植，既可单作种植也可利用幼龄林果行间，以提高退耕还林地的经济效益和生态效益。

四、栽培技术

1. 种植材料

种子繁殖是最常用的育苗繁殖方法，大多采用直播法和育苗移栽法。

（1）直播法 对播种季节要求不严，春、夏、秋均可，各地方可视当地气候、土壤条件而灵活掌握，但不同播种期对黄芩根部黄芩苷有极显著影响。直播黄芩多采用开沟条播，应选择2～3年生发育良好植株上的种子，播种温度为15～18℃。

（2）扦插繁育 扦插繁殖是从优质高产型的黄芩母株上剪取8～10厘米长的茎梢，去掉下半部的叶片，按一定的行株距插于床内，搭荫棚、浇水保湿，插后40天即可移栽。春、夏、秋季均可进行扦插，但以5～6月份扦插成活率高。成活后雨季移栽，到入冬前形成大苗，便可安全越冬。

2. 选地与整地

（1）选地 选择土层深厚，排水渗水良好，疏松肥沃，阳光充足，中性或近中性的壤土、砂壤土作为黄芩良种繁育田用地。

（2）整地 春秋均可进行整地，深耕以前1年秋季为好，深耕25厘米以上，随后整理耙细，作畦。

3. 播种

一般在3～4月春播育苗，为提高出苗率，播前可进行种子催芽。具体方法为将种子用40～50℃的温水浸泡5～6小时，然后将种子捞出在20～25℃的条件下保温、保湿催芽，每天用清水淋洗2次，待大部分种子裂口（露白）时即可播种。播种时可掺5～10倍细土、细砂与种子拌匀，然后均匀撒在畦面上，用钉耙或其他农具浅划畦面，再将畦面整平、拍实，使种子与土壤结合紧密，每亩播种量5～6千克。也可采用条播，按行距10厘米，开2～3厘米深的浅沟，将种子均匀播入沟内，覆土约1厘米厚，播后轻轻镇压，每亩播种量0.5～1千克。

干旱的地区也可用覆膜播种法。用120厘米宽的地膜，平垄，垄面100厘米，垄沟20厘米。地膜覆好后，在膜面上用点播器或烟筒拐打穴眼，穴眼深0.5～0.6厘米，穴距3～4厘米，一般一垄种6行，具体操作时按打的眼大小来定，打眼器直径小于10厘米时可种7行。穴眼打好后，将种子均匀地撒20～25粒，覆少量土盖住种子，再覆少量细砂即可，亩播种量5～6千克。

4. 田间管理

（1）覆草保墒　黄芩种子小，有灌溉条件的，播后及时浇水，经常保持表土湿润，大约15天即可出苗；无灌溉条件的地方要用麦草等作物秸秆、细砂覆盖，以利出苗。幼苗出土后，去掉覆盖的杂草，并轻轻地松动表土，保持地面疏松，下层湿润，利于根向下伸长。

（2）除草定苗　苗出齐后即可进行第一次除草。这时苗小根浅，应以浅锄为主，切勿过深，特别是整地质量差的地块，如除草过深则土壤透风易干旱，常造成小苗死亡。以后除草次数按田间草情而定，应不少于3次。幼苗长到4厘米高，浅锄1次，并间去过密的弱苗。当苗高6～7厘米时，按株距6厘米定苗，并对缺苗的地方进行补苗，补苗时一定要带土移栽，可把过密的苗移来补苗，栽后浇水。补栽时间要避开中午，宜在下午3时后进行。定苗后有草就除，旱时浇水。

（3）苗期管理　苗期忌水，在水淹10小时后幼苗会死亡，雨后要及时排涝。苗期黄芩生长缓慢，不能完全封垄，田间易生长杂草，而且杂草生长速度要快于黄芩，因此要及时除草，以免发生草荒。

（4）花蕾期管理　7月为幼苗生长发育旺盛期，在此期追施磷钾肥，配合施用适量氮肥，有利于叶片生长，促进光合面积的迅速形成，从而制造更多的光合产物，保证后期向种子和根系转移足够的营养。两年生植株6～8月开花，如计划采收种子，应适当多追肥，以促进种子饱满，如不收种子则在抽出花序前将花梗剪掉，减少养分消耗，可以促使根系生长，提高产量。黄芩耐旱，且轻微干旱有利于根系生长，但干旱严重时需浇水或喷水，忌高温期灌水。雨后应及时排除积水。

（5）中耕除草　黄芩播种当年应除草3次，以后年份，在黄芩封垄前除草1～2次。

（6）施肥　黄芩良种繁育田追肥一般在返青与开花期进行，每亩追施尿素10千克。开花期适当喷0.3%的磷酸二氢钾和0.3%的硼砂溶液提高结实率。

（7）水分管理　黄芩良种繁育田结合追肥在严重干旱期和开花期适当浇水。雨季注意排水防涝，地内不可积水。

5. 病虫害防治

（1）叶枯病　在高温多雨季节容易发病，开始从叶尖或叶缘发生不规则的黑褐色病斑，逐渐向内延伸，并使叶干枯，严重时扩散成片。

防治方法　①秋后清理田园，除尽带病的枯枝落叶，消灭越冬菌源。②发病初期喷洒1：120波尔多液，或用50%多菌灵1000倍液喷雾防治，每隔7～10天喷药1次，连用2～3次。

（2）根腐病　栽植2年以上者易发此病。根部呈现黑褐色病斑以致腐烂，全株枯死。（图2）

　　防治方法　①雨季注意排水、除草、中耕，加强苗间通风透光并实行轮作。②冬季处理病株，消灭越冬病菌。③发病初期用50%多菌灵可湿性粉剂1000倍液喷雾，每7～10天喷药1次，连用2～3次，或用50%拖布津1000倍液浇灌病株。

（3）白粉病　黄芩白粉病主要为叶片、叶柄受害，发病初期叶片两面产生白色小粉点，后扩展至全叶，叶面覆盖稀疏的白粉层，是黄芩的主要病害之一。（图3）

图2　黄芩根腐病　　　　　　　　　　图3　黄芩白粉病

　　防治方法　①清除田间病残体，减少初侵染源；施足底肥，不要偏施氮肥；合理密植，通风透光。②发病初期喷施代森锰锌可湿性粉剂1000倍液，或20%三唑酮乳油2000倍液，或50%多菌灵·磺酸盐可湿性粉剂800倍液，或50%甲基托布津1000倍液，于发生初期、中期和后期各喷一次，防效较好。

（4）黄芩舞蛾　是黄芩的重要害虫，以幼虫在叶背作薄丝巢，虫体在丝巢内取食叶肉。

　　防治方法　①清园，处理枯枝落叶及残株。②发病期用90%敌百虫或40%乐果油喷雾防治。

（5）菟丝子病　幼苗期菟丝子缠绕黄芩茎秆，吸取养分，造成早期枯萎。

　　防治方法　①播前净选种子。②发现菟丝子随时拔除。③喷洒生物农药"鲁保1号"灭杀，如发生较重，可在危害初期用100倍胺草磷或地乐胺药液喷雾防治，每亩用药液50千克左右。

（6）其他虫害　银纹夜蛾、造桥虫、苹斑芫菁、地老虎等。

防治方法　苹斑芫菁，用3000倍来福灵或灭扫利溶液喷施。银纹夜蛾，20%灭扫利乳油3000倍液、20%功夫乳油或21%氰马乳油5000倍液喷施1～2次。造桥虫，20%速灭杀丁3000倍液或80%敌敌畏1000倍液喷施1～2次。地老虎，0.5%的辛硫磷毒饵诱杀或人工捕杀。

为确保不造成农药残留，在黄芩采收前40天，停止使用任何农药。

五、采收加工

1. 采收

（1）采收年限　采收时期对黄芩的产量和质量的影响非常大，生长一年的黄芩虽然可以刨收，但质量较差，人工栽培黄芩二年生根的产量在秋季达到最高，在8月末果实期黄芩苷的含量最高，三年生黄芩中黄芩苷的含量达到最高。因此，人工栽培黄芩以三年收获为好，而黄芩第四年就会出现部分主根心腐现象，随着年龄的增长这种现象会逐年加重。因此，综合考虑药材产量和质量以及经济收益等方面因素，确定以第三年秋季地上部枯黄时采收黄芩最好。

（2）采收季节与方法　黄芩野生和栽培资源采收期由于地理纬度和生长期的差异而不同，各地一般在每年8月中下旬黄芩盛果期就开始对野生黄芩进行采收，大规模采收在黄芩枯萎期前后。黄芩采收时期随着地理纬度的南移而推迟，如山西省运城等地采收时间一般在每年10月15日左右，而黑龙江省大庆等地采收时间一般在每年9月20日左右。

（3）干燥　①自然干燥：将挖出的鲜黄芩根，在自然阳光下晾晒，晒至半干，撞去老皮，使根呈棕黄色，然后晒至全干。在晾晒过程中，避免暴晒过度，使根条发红，又要防止被雨淋，露打或水泡，使根条变绿发黑。②热风干燥：进风口温度60～65℃，出风口40～45℃。③微波干燥：将鲜根晒至半干，撞去老皮后，进行微波干燥。各种干燥方法，最终干品含水量不超过12%。

2. 加工

将收获下来的根部去掉附着的茎叶，抖落泥土，晒至半干，撞去外皮，然后迅速晒干或烘干。在晾晒过程中避免强光暴晒，同时防止被雨水淋湿，因受雨淋后黄芩根先变绿后发黑，影响生药质量。以坚实无孔洞、内部呈鲜黄色者为上品（图4）。

六、药典标准

1. 药材性状

本品呈圆锥形，扭曲，长8～25厘米，直径1～3厘米。表面棕黄色或深黄色，有稀疏的疣状细根痕，上部较粗糙，有扭曲的纵皱纹或不规则的网纹，下部有顺纹和细皱纹。质硬而脆，易折断，断面黄色，中心红棕色；老根中心呈枯朽状或中空，暗棕色或棕黑色。气微，味苦。

图4 黄芩加工

栽培品较细长，多有分枝。表面浅黄棕色，外皮紧贴，纵皱纹较细腻。断面黄色或浅黄色，略呈角质样，味微苦。

2. 鉴别

本品粉末黄色。韧皮纤维单个散在或数个成束，梭形，长60～250微米，直径9～33微米，壁厚，孔沟细。石细胞类圆形、类方形或长方形，壁较厚或甚厚。木栓细胞棕黄色，多角形。网纹导管多见，直径24～72微米。木纤维多碎断，直径约12微米，有稀疏斜纹孔。淀粉粒甚多，单粒类球形，直径2～10微米，脐点明显，复粒由2～3分粒组成。

3. 检查

（1）水分　不得过12.0%。
（2）总灰分　不得过6.0%。

4. 浸出物

照醇溶性浸出物测定法项下的热浸法测定，用稀乙醇作溶剂，不得少于40.0%。

七、仓储运输

1. 包装

干燥的黄芩药材，选用不易破损、干燥、清洁、无异味以及不影响黄芩品质的材料制成的专用袋（现多用麻袋）或纸箱包装，具体规格可按购货商要求而定。在每件包装上应注明品名、规格、产地、批号、包装日期、生产单位，并附有质量合格的标志。

2. 贮藏

黄芩包装后，应置于干燥、清洁、通风的地方，适宜温度30℃以下，相对湿度70%~75%，安全水分11%~13%。黄芩夏季高温季节易受潮变色和虫蛀。高温高湿季节到来前，应按垛或按件密封保藏；发现受潮或轻度霉变时，及时翻垛、通风或晾晒。密闭仓库充N_2（或CO_2）养护的药材，无霉变和虫害，色泽气味正常，对黄芩成分无明显影响。

3. 运输

运输工具或容器应清洁、干燥、无异味、无污染，具有较好的通气性，保持干燥，防晒、防潮、防雨淋。不能与其他有毒、有害、易串味物品混装。

八、药材规格等级

（1）一等　干货。呈圆锥形，上部皮较粗糙，有明显的网纹及扭曲的纵皱。下部皮细有顺纹或皱纹。表面黄色或黄棕色。质坚脆。断面深黄色，上端中央有黄绿色或棕褐色的枯心。气微、味苦。条长10厘米以上，中部直径1厘米以上。去净粗皮。无杂质、虫蛀、霉变。

（2）二等　干货。呈圆锥形，上部皮较粗糙，有明显的网纹及扭曲的纵皱，下部皮细有顺纹。表面黄色或黄棕色，质坚脆。断面深黄色，上端中央有黄绿色或棕褐色的枯心。气微、味苦。条长4厘米以上，中部直径1厘米以下，但有小于0.4厘米。去净粗皮。无杂质、虫蛀、霉变。

（3）统货　干货。即老根多中空的枯芩和块片碎芩，破断尾芩。表面黄色或淡黄色。质坚脆。断面黄色。气微、味苦。无粗皮、茎芦、碎渣、杂质、虫蛀、霉变。

九、药用价值

（1）**抗菌作用** 黄芩提取物具有显著的抗菌效应，能有效抑制多种细菌生长，如蜡样芽孢杆菌、单核细胞增多性李斯特菌、金黄色葡萄球菌、大肠埃希菌、沙门菌等。常用的抗真菌剂对念珠菌病效果不明显，而黄芩素浓度为4～32毫克/升时，即可抑制念珠菌，抑制率高达70%。黄芩苷对甲氧西林耐药葡萄球菌有抑制作用，效果好于广谱抗生素磺胺甲噁唑。黄芩中的酚酸类如阿魏酸、绿原酸也有抗菌活性。

（2）**抗病毒作用** 黄芩乙醇提取物对大肠埃希菌噬菌体MS2和甲肝病毒具有抑制作用。黄芩素与利巴韦林抗病毒药物联合使用对流感病毒（H1N1）感染小鼠的治疗作用明显高于利巴韦林药物单独作用，且0.5毫克/升黄芩素和5毫克/升利巴韦林配伍时药效最好。黄芩苷能阻碍人类免疫缺陷病毒Ⅰ型（HIV-Ⅰ）细胞表面的包膜，阻断HIV-Ⅰ进入靶细胞，具有抵抗HIV-Ⅰ的能力，已成为当前治疗HIV感染的天然产物之一。并且有报道表明，锌和黄芩苷的络合物能增强其抗HIV-Ⅰ活性。汉黄芩素能够抵抗乙型肝炎病毒（HBV），可能发展成为抗HBV的候选药物。

（3）**抗氧化作用** 黄芩素通过激活转录因子NF-E2相关因子2（Nrf2），介导抗氧化酶锰超氧化物歧化酶产生，清除超氧化物自由基和羟自由基，修复抗氧化应激的线粒体功能障碍。黄芩苷抑制过氧化脂质和氧化型谷胱甘肽的形成，修复抗氧化酶如超氧化物歧化酶（SOD）、过氧化氢酶（CAT）等活性来改善由氯化镉引起的肝细胞毒性和氧化应激反应。

（4）**抗炎和抗过敏作用** 黄芩提取物能够抑制过敏性炎症的渗出，通过降低毛细管通透性、抑制组织胺和乙酰胆碱的释放等降低炎症反应造成的伤害。将黄芩水提物浓缩成不同浓度，作用于足、耳廓肿胀以及腹腔毛细血管通透性增高的小鼠，结果表明黄芩提取物各个剂量组均能抑制炎症反应。黄芩醇提物能减少大鼠腹腔肥大细胞组胺的释放，从而抑制大鼠皮肤过敏反应。

（5）**抗肿瘤作用** 黄芩苷、黄芩素、汉黄芩素、汉黄芩苷、木蝴蝶素A等均可有效抑制肿瘤细胞的增殖，且对正常上皮、外周血和骨髓细胞几乎没有毒性。黄芩素通过抑制信号转导分子蛋白激酶B（AKT）、糖原合成酶激酶（GSK3β）、细胞外信号调节激酶（ERK）来抑制细胞增殖，通过调节细胞周期蛋白B1（oyolin B1）、细胞周期蛋白D1（cylin D1）使细胞周期阻滞。黄芩素可抑制B淋巴细胞瘤-2蛋白（Bcl-2），Caspase-3，促进p53、Bax蛋白表达，诱导人肺癌细胞H460周期阻滞和凋亡。黄芩苷通过促分裂原活化蛋白激酶（MAPK）信号通路，下调基质金属蛋白酶2（MMP-2）、MMP-9、尿激酶型纤溶酶原激活物（uPA）和其受体（uPAR）的表达，抑制人乳腺癌 MDA-MB-231细胞的迁移、侵袭和转移。汉黄芩素能抑制血管内皮生长因子（VEGF）引起的 ERK、AKT和p38蛋白的磷酸化，抑制胃癌裸鼠的肿瘤增殖和肿瘤血管生成。

（6）神经保护作用　黄芩水提物可治疗脑内出血大鼠的血脑屏障的损伤，并且对血脑屏障损伤造成的中风及脑创伤有一定保护作用。黄芩素能调节谷氨酸（Glu）和氨基丁酸（GABA）之间的代谢平衡，阻滞细胞色素氧化酶亚基mRNA在丘脑核中的表达，明显抑制Glu诱导的胞内钙的增加，减轻大鼠肌肉震颤，缓解震颤主导型原发性帕金森病。E46是核突触蛋白（α-syn）的突变位点，可以导致家族性帕金森病和路易体痴呆，黄芩素能抑制神经细胞PC12线粒体去极化、减弱蛋白酶体抑制、E46K突变位点聚集和E46K诱导的细胞毒性，有望预防或治疗神经退行性疾病如帕金森病。黄芩苷能够改善中枢神经系统活动，如保护癫痫发作引起的脑损伤，促进神经分化。

（7）心血管保护作用　黄芩具有降压、治疗心肌衰弱、扩张血管、治疗冠心病、抗动脉粥样硬化等心血管保护作用。黄芩素可通过抑制左心室胶原蛋白和12-脂氧合酶的表达，下调MMP-9和ERK的活性，缓解自发性高血压小鼠的心肌纤维化。黄芩素还可通过线粒体氧化信号通路，保护心肌细胞的缺血再灌注损伤。黄芩素的心脏保护作用可能跟其抗炎、抗氧化及抗细胞凋亡机制有关。汉黄芩素可抑制甘油二酯在细胞内的积聚，随后抑制蛋白激酶C的磷酸化，从而抑制由脂毒性诱导的血管平滑肌细胞的凋亡，缓解动脉粥样硬化。

（8）预防或治疗糖尿病作用　黄芩素能激活p38通路，减轻糖尿病周围神经病变。黄芩苷能加强抗氧化防御机制，上调SOD、CAT、谷胱甘肽过氧化物酶（GPx）的活性，降低血浆中总胆固醇和甘油三酯的水平，改善大鼠高血糖症状。黄芩和黄连合用复方可增加大鼠体重及其血浆胰岛素含量，降低尿量、尿糖量和糖尿病大鼠的餐后血浆葡萄糖水平，是治疗糖尿病的主要复方之一。

（9）其他作用　黄芩乙醇提取物通过ERK-p53通路，降低肝胶原蛋白含量和肌肉肌动蛋白含量，抑制肝纤维化。黄芩苷具有显著的抗氧化保肝作用。汉黄芩素可调节氨基丁酸能神经元，产生抗惊厥效应。黄芩素和汉黄芩素能抑制急性紫外线照射对无毛小鼠造成的损伤，改善紫外线照射对皮肤老化、免疫系统等的损伤。

参考文献

[1]　中国科学院中国植物志编委会. 中国植物志：第65卷[M]. 北京：科学出版社，1983.

[2]　郭巧生. 药用植物栽培学[M]. 北京：高等教育出版社，2006.

[3]　滕训辉，闫敬来. 200种中药材商品电子交易规格等级标准[M]. 北京：中国医药科技出版社，2017.

[4]　刘金花，张春凤，张永清. 黄芩栽培研究[J]. 现代中药研究与实践，2006，20（6）：3-7.

[5]　尹艳平，张传文，王静红. 黄芩种植技术[J]. 现代化农业，2008（12）：14-15.

[6]　孙礼文. 黄芩栽培与贮藏加工新技术[M]. 北京：中国农业出版社，2005.

[7]　刘雄，高建德. 黄芩研究进展[J]. 甘肃中医药大学学报，2007，24（2）：46-51.

[8]　聂爱国. 黄芩的药理作用研究进展[J]. 中华中医药学刊，2008，26（8）：66.

款冬花

kuan dong hua

本品为菊科植物款冬*Tussilago farfara* L.的干燥花蕾。

一、植物特征

为多年生草本，高10～25厘米。根茎褐色，横生地下。款冬药用植物的叶为基生叶，广心脏形或卵形，长7～15厘米，宽8～10厘米，先端钝，边缘呈波状疏锯齿，锯齿先端往往带红色。基部心形或圆形，质较厚，上面平滑，暗绿色，下面密生白色毛；掌状网脉，主脉5～9条；叶柄长8～20厘米，半圆形；近基部的叶脉和叶柄带红色，并有毛茸。小叶10余片，互生，叶片长椭圆形至三角形。于早春发出数个花葶，高5～10厘米，具白色毛茸，有鳞片状互生的苞叶，苞叶淡紫色。头状花序顶生，直径2.5～3厘米，初时直立，花后下垂；总苞片1～2层，线形，顶端钝，常带紫色，被白色柔毛，有时具黑色腺毛；苞片20～30层，质薄，呈椭圆形，具毛茸；舌状花在周围一轮，鲜黄色，单性，花冠先端凹，雌蕊1，子房下位，花柱长，柱头2裂；管状花两性，先端5裂，裂片披针状，雄蕊5，花药连合，雌蕊1，花柱细长，柱头球状，瘦果长柱形，顶端有冠毛，冠毛丝状，黄褐色，长3～4毫米，宽0.5毫米。花期2～3月，果期4月（图1，图2）。

图1　款冬　　　　　　　　　　　　　　　图2　款冬花花蕾

二、资源分布概况

款冬的适应性强，在我国多数地区均有种植，主要分布于甘肃、陕西、山西、河南、湖北、四川、宁夏、内蒙古、新疆等地。其中，河北省蔚县、阳原县和与其交界的山西省广灵县是全国最大的款冬花主产地，款冬花产量占全国总产量的50%以上。陕西、甘肃为款冬花的道地产区，同时甘肃是款冬花药材的主产区之一，所产款冬花具有产量大、质量优的特点。尤其灵台县所产冬花质量最佳，个大、色紫、质地肥厚，素有"灵冬花"之称。

三、生长习性

款冬对生长条件要求较为严格。喜凉爽湿润气候，能耐寒，较耐荫蔽。怕热、怕旱、怕涝，气温在35℃左右生长良好。多生于河边、沙地、林缘、路旁、林下等处。宜栽培于海拔800米以上的山区半阴坡地。海拔1800米以上的高山区也可栽种，但因海拔过高时冬季封冻较早，不便于采收花蕾，因此一般不选择此海拔种植。款冬对土壤要求不严，土质疏松、肥沃、湿润、富含腐殖质多或微酸性砂质壤土或红壤都可培育款冬。其植株一般在春季气温回升至10℃时开始出苗，15～25℃时适宜生长，苗叶生长迅速，若遇到高温（温度超过35℃）干旱，应及时浇灌井水降低温度，并加强田间管理，否则茎叶就会出现萎蔫，甚至大量死亡，因此款冬花适合种植在海拔较高、降雨量偏大、植被与生态环境良好的高山半阴半阳坡地，如在平原田地种植则可与果树间作。

四、栽培技术

1. 种植材料

款冬花种子形态特征为：瘦果长柱形，顶端有冠毛，冠毛丝状，黄褐色，长3～4毫米，宽0.5毫米。款冬花第一年形成花蕾，第二年开花结种，4月份种子成熟，种子千粒重0.07～0.10克，当年所产的种子在20℃左右容易发芽成苗。花序开裂种子极易飞散，为避免被风吹散宜分次采收。款冬成熟种子发芽率较高，但不宜室温贮藏，在室温条件下，3～4个月丧失发育能力，款冬花种子贮放1年后发芽率急剧下降，甚至丧失活力，因此应采集当年成熟的种子，将果带座摘下，晒干，搓去冠毛，在干燥处保存，翌年播种。种苗选择新鲜、粗壮、色白、无病虫害的新生根茎。可于秋末冬初采收花蕾后挖起地下根茎放在窖内储存或进行沙藏。

2. 选地与整地

（1）选地　款冬花耐寒、怕热、怕旱、怕涝，喜质地疏松、腐殖质较丰富的微酸性砂质壤土，要选择土层深厚、土壤肥沃、通透性好、湿润且排水良好的砂质壤土。栽培地点应选在海拔1000～2000米，气候凉爽湿润的山坡地、水地，其中低海拔山区宜选阴坡地，高、中海拔山区宜选阳坡地栽种。

（2）整地　款冬花忌连作，应选用3年以内未种过款冬花的地块，在前作收获之后，土壤深翻25厘米以上。栽植前，结合整地，每亩施入腐熟的农家肥2500～3000千克、尿素10千克、普通过磷酸钙40千克、硫酸钾5千克，翻入土中作基肥。深翻后耕细整平，低洼地方可作高畦，并开好排水沟。

3. 栽植时间

用种子直播在春季进行。用根状茎栽植在初冬、早春两季均可栽种，冬栽于11月下旬，常与收获结合进行，随挖随栽；春栽于3月上中旬进行，宜早不宜迟，土壤刚刚解冻时就可移栽，早栽种，早生根。

4. 栽植方法

（1）根茎栽植　由于种子繁殖植株小，栽培年限长，生产中多采用根状茎繁殖。冬季采收花时，将根茎埋藏于砂土中，留出根茎做种栽。翌年3月中、下旬或冬栽宜在10～11月上旬，春栽从贮藏的根茎中选无病虫伤害的、粗壮的、黄白色的根茎做种栽。过于幼嫩细长的根茎和根茎梢，不宜作种栽。冬栽均采用随收刨随栽种。无论春栽还是冬栽，先将根茎剪成长3～5厘米、具有2～3个芽的小段，用湿砂土盖好，以免风干，可随栽随取。栽植时，在整好的地块条栽或穴栽。条栽按行距35～40厘米开深6厘米左右的沟，按株距25～35厘米将根茎段放入沟内，覆土与田面平，稍加镇压。穴栽按行距35～40厘米，株距25～35厘米挖穴，深8～10厘米，每穴分散排放1～2段根茎段，覆土与田面平，稍加镇压。栽后保持土壤湿润，若土壤水分不足，应先浇水后栽植，或栽后及时浇水，栽后浇水须待水下渗后，用耙子轻轻搂松表土，以防板结。10～15天即可出苗。每亩需种根茎20～25千克。

（2）种子直播　在有灌溉条件或遇连阴雨的时候，方可考虑种子直播。由于款冬籽小苗弱，直播时一定要有遮阴植物和遮阴措施。遮阴植物可选用黄豆、荞麦等，将款冬种子与遮阴植物种子均匀撒在新翻平整后的地表，然后用短齿耙横竖浅耙2～3遍。遮阴植物宜稀疏，黄豆、荞麦等每亩用种1～2千克为宜。播后地表还须撒少许小麦等作物的秸秆，既保持地表潮湿，利于种子发芽，又可为刚出土的幼苗遮阴。直播时每亩用种（带伞毛）50～100克，撒种时应混合一定量的细砂或细土，以保证撒种均匀。

5. 田间管理

（1）中耕除草　款冬属于耐寒性植物，初春发芽较早，一般3月底至4月初出苗展叶。可于4月中下旬结合补苗，进行第1次中耕除草，此时款冬花根系幼小，中耕宜浅，苗附近的杂草最好用手拔除，防止伤及幼苗和根部；如遇春季干旱，会影响出苗，应浇水1次，以促进款冬花及时出苗和发芽。第2次为6～7月间，苗叶已出齐，此时根系生长发育良好，中耕可适当加深，培土兼拔除高大杂草。此后，地上茎叶生长茂盛，可盖住地面，保持田间无高大杂草即可。

（2）间苗、定苗　待款冬幼苗出齐后，视出苗情况适当间苗，留壮去弱，留大去小，若个别缺苗，可移苗补苗，使株距最终保持在25厘米左右，防止因密度过大、田间通风透光不良诱发病害。

（3）追肥　款冬前期不宜追肥，以免生长过旺，后期应进行追肥，在其生长后期

（9～10月），可视长势追1～2次肥。每次追肥都应该氮、磷、钾兼施，尤其应保证钾肥的供应。追肥方法：在株旁开沟或挖穴施入，施后盖土。追肥量：一般视苗情长势每亩追尿素5～10千克，普通过磷酸钙15千克，钾肥5～8千克。

（4）培土　为避免款冬花花蕾露出地面，要及时进行培土。培土可结合款冬花中耕除草和追肥进行，将茎干周围的土培于款冬根部。培土时要注意撒土均匀，每次培土以能覆盖茎秆为宜。

（5）疏叶　款冬花叶片生长过密易造成通风透光差，影响花芽分化，易染病虫害，应及时疏叶。可在6～8月对长势偏旺、叶片过密的田块，用剪刀从叶柄基部把重叠的叶子、枯黄的叶片或刚刚发病的烂叶剪掉，保留3～4片心叶即可。剪叶时切勿用手掰扯，避免伤害基部，并把清理疏除的叶片带出田间，深埋或晒干后焚烧。

（6）排灌水　款冬花喜水，但忌积水，雨季要及时清沟排水，避免受涝；遇干旱天气，要及时进行浇水。

6. 病虫害防治

（1）褐斑病　叶片上面生圆形或近圆形病斑，直径5～20毫米，病斑中央略凹陷，褐色，边缘呈紫红色，有光泽，病斑边缘明显，较大病斑表面可出现轮纹，高温高湿时可产生黄色至黑褐色霉层，严重时叶片枯死。

防治方法　农业防治：①加强田间管理，实行轮作；②采收后清洁田园，集中烧毁残株病叶；③雨季及时疏沟排水，降低田间湿度；④及时疏叶，摘除病叶，增强田间的通风透光性，提高植株的抗病性。

化学防治：发病前或发病初期喷1∶1∶100波尔多液，或65%代森锌500倍液，或75%百菌清可湿性粉剂500～600倍液，或50%多硫悬浮剂，或70%甲基硫菌灵可湿性粉剂1000倍液，每7～10天喷洒1次，连续喷洒2～3次。

（2）叶枯病　雨季发病严重，发病初期，病叶由叶缘向内延伸，形成黑褐色、不规则的病斑，病斑与健康组织的交界明显，病斑边缘呈波纹状，颜色深，质脆、硬，致使局部或全叶干枯，可蔓延至叶柄，最后植株萎蔫而死。

防治方法　农业防治：同褐斑病。

化学防治：发病前或发病初期，用50%多菌灵600倍液，或70%甲基硫菌灵1000倍液，或75%代森锰锌800倍液，或30%嘧菌酯1500倍液，每7～10天喷洒1次，连续喷洒2～3次。

（3）根腐病　根腐病在款冬花生长期间的各个阶段都易感染，从出苗到收获的整个生长期间都有死苗现象发生，根腐病引起的大量死苗是限制款冬花连作的主要原因。根腐病发病初期款冬花在中午叶片略有萎蔫，地下根系部分变褐色，其余大多数为白色，维管束呈浅褐色。发病中期款冬花叶片翻卷，地下根系有一半左右变褐色，其余为白色，维管束呈深褐色。发病后期款冬花叶片由下向上枯萎死亡，根系全部变黑色，茎基部变黑腐烂，叶柄维管束变黑褐色，最后整个植株枯死。

防治方法　农业防治：①发现病株，及时拔除，并用生石灰对病穴消毒。②其他措施同褐斑病。

化学防治：可用50%的甲基硫菌灵500倍液，或3%噁霉灵·甲霜水剂700倍液，或30%苯噻氰乳油1200倍液灌根部。

（4）菌核病　该病多从植株基部或中下部较衰弱或积水的老黄叶片开始侵染，病部初期多呈水浸状暗绿色至污绿色，不规则坏死，发病初期不出现症状，后期有白色菌丝渐向主茎蔓延，叶面出现褐色斑点，根部逐渐变褐，潮润，发黄，并发出一股酸臭味。最后根部变黑色腐烂，植株枯萎死亡。

防治方法　农业防治：①中耕培土：在菌核子囊盘盛发期中耕1～3次，可以切断大部分子囊盘；采用培土压埋子囊盘的效果会更好。培土层越厚灭菌作用愈好，但要注意不要影响款冬花的生长。②其他措施同褐斑病。

化学防治：发病初期进行药剂防治，可选用50%多菌灵可湿性粉剂600倍液，或65%甲霉灵可湿性粉剂500倍液，或40%菌核利可湿性粉剂400倍液，每7～10天喷洒1次，连续喷洒2～3次。

（5）锈病　主要危害叶片，病叶上出现明显的锈病孢子，呈褐色，边缘紫红色，严重时，叶片背面密布成片锈孢子堆和夏孢子堆，叶片穿孔，逐渐萎蔫枯死。

防治方法　农业防治：同褐斑病。

化学防治：在发病前或发病初期用15%三唑酮1500倍液，或12.5%的萎锈灵乳油800倍液，或12.5%烯唑醇可湿性粉剂1000～2000倍液，或25%丙环唑乳油，或50%嘧菌酯悬浮剂3000倍液，每7～10天喷洒1次，连续喷洒2～3次。

（6）蚜虫　主要危害叶片和花蕾，成蚜、幼蚜群聚在叶片、花蕾上，以刺吸式口器刺吸汁液，造成叶片发黄、皱缩、卷曲、停滞生长，叶缘向背面卷曲萎缩，严重时全株枯死。夏季干旱时发生较为严重。多发生在6～7月份。

防治方法　农业防治：冬季清园，将枯株和落叶深埋或烧毁，消灭越冬虫卵。

物理防治：有翅蚜发生初期，及时在田间悬挂5厘米宽的银灰色塑料膜条进行趋避；大田利用黄板诱杀，可用市场上出售的商品黄板，也可自制黄板。自制黄板用60厘米×40厘米长方形纸板或木板等，涂上黄色油漆，再涂一层机油，挂在田间，每亩挂30～40块。

当黄板黏满蚜虫时，再涂一层机油。黄板放置高度距离作物顶端30厘米左右。

化学防治：发生期用0.3%苦参碱乳剂800～1000倍液，或天然除虫菊素2000倍液，或1%蛇床子素500倍液，或10%烟碱乳油杀虫剂500～1000倍液喷雾防治。也可用1.8%阿维菌素乳油800倍液，或10%吡虫啉可湿性粉剂1000倍液，或3%啶虫脒乳油1500倍液交替喷雾防治。

（7）蛴螬　主要以幼虫为害。幼虫啃食款冬花幼苗，咬断幼苗根茎，致使植株死亡，严重时造成缺苗断垄。

防治方法　农业防治：①入冬前将地块深耕多耙，杀伤虫源，减少幼虫基数。②合理施肥。施用充分腐熟的有机肥，防止招引成虫飞入田块产卵。③浇灌整田。土壤含水处于饱和状态时，可影响虫卵孵化和低龄幼虫成活；及时清除田间及地边杂草，消灭虫类的栖息场所，可有效控制成虫数量。

物理防治：利用成虫的趋光性，在其盛发期用黑光灯诱杀成虫，一般每50亩安装一台黑光灯。

化学防治：①毒土防治，用5%毒死蜱颗粒剂，每亩用0.6～0.9千克，加细土25～30千克，或用3%辛硫磷颗粒剂3～4千克，混细沙土10千克制成毒土，在播种或栽植时将毒土均匀撒施田间后浇水。②药剂灌根，在蛴螬发生较重的田块，用50%辛硫磷乳油1000倍液，或80%敌百虫可湿性粉剂800倍液，或25%西维因可湿性粉剂800倍液灌根，每株灌150～250毫升。

五、采收加工

1. 采收

款冬花是采收未出土的花蕾。采收季节在栽培当年的10月下旬至11月上旬。掌握在花蕾已破土而未出土，苞片显紫色时采收。过早，因花蕾还在土内或贴近地面生长，不易寻找；过迟，花蕾已出土开放，质量降低，不宜再做药用。采收时，将植株与根茎全部刨出，将花蕾从茎基部连同花梗一起采下，轻轻放入筐内，注意不能挤压。将根茎仍然埋入地下，待来年采挖栽种，或将根茎收后窖藏或沙藏，等来年栽种。花蕾上若带有少量泥土，不要用水冲洗揉擦，同时避免花蕾遭受雨露霜雪淋湿，否则会使花蕾颜色变黑。一般每亩可收干燥花蕾50千克左右，高产时可达70～80千克。

2. 加工

采收的鲜花蕾薄摊于通风干燥处晾干，在晾的过程中不要用手随便翻动，经3～4天，水汽干后，筛除泥土杂质，除尽花梗，再晾晒至全干。如遇连续阴天，可用无烟煤作燃料，于炕房内在40～50℃的温度下烘干，前期温度不宜过高，待花蕾变软后再缓慢升温至最佳温度，烘时花蕾摊放5～7厘米厚即可，不可摊放过厚，且烘干过程中不要翻动，防止外层苞叶破损，影响产品外观和质量。待款冬花蕾4～5成干时，可进行"发汗"。"发汗"是将款冬花堆放到室外（防雨淋），堆放厚度约为35厘米，"发汗"时间视情况而定，湿度较高时为8小时，湿度较低时为12小时，待款冬花蕾表面回潮，或表面起露水珠，即可。目的是让款冬花蕾内部水分渗透出来并使款冬花蕾表面湿润，以免干燥过程中款冬花蕾表面部分破碎。"发汗"后继续晒干、阴干或烘干，若烘干，温度不宜过高，一般控制在40～50℃，至全干即成。

六、药典标准

1. 药材性状

本品呈长圆棒状。单生或2～3个基部连生，长1～2.5厘米，直径0.5～1厘米。上端较粗，下端渐细或带有短梗，外面被有多数鱼鳞状苞片。苞片外表面紫红色或淡红色，内表面密被白色絮状茸毛。体轻，撕开后可见白色茸毛。气香，味微苦而辛。

2. 鉴别

本品粉末棕色。非腺毛较多，单细胞，扭曲盘绕成团，直径5～24微米。腺毛略呈棒槌形，头部4～8细胞，柄部细胞2列。花粉粒细小，类球形，直径25～48微米，表面具尖刺，3萌发孔。冠毛分枝状，各分枝单细胞，先端渐尖。分泌细胞类圆形或长圆形，含黄色分泌物。

3. 浸出物

照醇溶性浸出物测定法项下的热浸法测定，用乙醇作溶剂，不得少于20.0%。

七、仓储运输

1. 包装

款冬花一般用内衬防潮纸的瓦楞纸箱包装，或用木箱包装，内部垫纸，并放置几条木炭，以吸收水分，然后严密封闭，可保持颜色不变。再置阴凉、干燥、避光处储存，温度28℃以下，相对湿度65%～75%。商品安全水分10%～13%。内包装材料宜选用聚乙烯无毒制品。

2. 贮藏

款冬花易虫蛀、发霉、变色，本品最易受潮引起发霉变色。在高温多湿情况下易生虫发霉。发霉后，表面显不同颜色霉斑，严重时，萌发大量菌丝并结成坨块引起发热，由紫红色或淡红色变得黯淡灰黄；若贮存稍久，则易褪色；若因采集后未干透而变霉，则变成黑色，不宜药用。本品亦是最易虫蛀的花类药材。在夏季，最易生虫，危害的仓虫有印度谷蛾、一点谷蛾、咖啡豆象、鳞毛粉蠹、双齿谷盗、日本蛛甲等20余种。若生霉生虫，要及时晾晒，或用药物熏之，采用密封充氮降氧养护。

仓贮期间应定期检查，发现虫蛀、霉变、鼠害等及时采取措施。要经常检查，5月份可翻晒一次，以防止内部发热、吸湿、霉蛀及变色等。其安全水分在12%～15%，相对湿度75%以下未见生霉。

包装应记录品名、批号、规格、重量、产地、采收日期，并附有质量合格标志。有条件的产地应注明农药残留、重金属含量分析结果和有效成分含量。包装好的款冬花药材及饮片应及时贮存在清洁、干燥、阴凉、通风的专用仓库中，储存期不宜过长，随采随送，先进先出，并定期测量商品温度，若受潮发热，应迅速晾晒或置通风处降温。高温多湿季节，适用薄膜袋小件密封抽氧充氮保存；或用薄膜将货垛密封，抽氧充氮。虫害严重时，用磷化铝或溴甲烷熏蒸，时间不宜过长。

八、药材规格等级

（1）一等　干货，药材含水量不超过7%。呈长圆形，单生或2～3个基部连生，苞片呈鱼鳞状，花蕾直径≥0.8厘米，个头均匀。色泽鲜艳。表面紫红或粉红色，体轻，撕开可见絮状毛茸。气微香，味微苦。黑头不超过3%。花柄长度不超过0.5厘米，花梗重量占比≤3%，无开头、杂质、虫蛀及霉变。

（2）二等　干货，药材含水量不超过9%。呈长圆形，苞片呈鱼鳞状，花蕾直径≥0.6厘米，不均匀，表面紫褐色或暗紫色，间有绿白色。体轻，撕开可见絮状毛茸。气微香，味微苦。开头、黑头不超过10%，花柄长度不超过1厘米，花梗重量占比≤20%，无杂质、虫蛀及霉变。

（3）三等　干货，药材含水量不超过10%，花蕾直径≥0.5厘米，颜色略带红色，有青紫色花蕾，花梗较长大于1厘米。

（4）统货　加工后未经分级，各种花蕾均有。

九、药用价值

款冬花味辛、微苦，性温。归肺经。具有润肺下气、止咳化痰的功效，用于治疗新久咳嗽，喘咳痰多，劳嗽咯血等症。现代药理研究表明款冬花具有止咳、祛痰、平喘、抗炎、抗肿瘤、抗结核、抗菌、神经保护等多方面活性。

参考文献

[1]　中国科学院中国植物志编委会. 中国植物志: 第43卷[M]. 北京: 科学出版社, 1997.

[2]　胡本祥, 杜弢. 款冬花生产加工适宜技术[M]. 北京: 中国医药科技出版社, 2018.

[3]　刘毅. 款冬花规范化种植及质量标准的系统研究[D]. 成都: 成都中医药大学, 2008.

[4]　熊飞. 款冬花种植及其采收加工技术[J]. 四川农业科技, 2013（10）: 50–51.

[5]　张志红, 高慧琴, 杨贵平, 等. 款冬花栽培技术研究[J]. 甘肃中医学院学报, 2012, 29（3）: 64–66.

[6]　张爱香, 马海莲, 李雪萍, 等. 款冬花根腐病的发病情况与病原鉴定[J]. 贵州农业科学, 2011, 39（2）: 99–101.

[7]　张兴俊. 氮磷肥施用量对款冬花的影响[J]. 甘肃农业科技, 2013, 1（8）: 33–35.

[8]　张献菊, 沈力, 付绍智. 款冬花产地加工新技术研究[J]. 实用医技杂志, 2004, 11（6）: 1024–1026.

[9]　禄晓艳, 曹炯. 款冬花药典质量标准探究[J]. 西部中医药, 2015, 28（2）: 30–33.

远志

本品为远志科植物远志*Polygala tenuifolia* Willd.或卵叶远志*Polygala sibirica* L.的干燥根。

一、植物特征

1. 远志

多年生草本，高15～50厘米；主根粗壮，韧皮部肉质，浅黄色。茎多数丛生，直立或倾斜。单叶互生，叶片纸质，线形至线状披针形，长1～3厘米，宽0.5～1（～3）毫米。总状花序呈扁侧状生于小枝顶端，细弱，长5～7厘米。蒴果圆形，径约4毫米，顶端微凹，具狭翅，无缘毛；种子卵形，径约2毫米，黑色，密被白色柔毛，具发达、2裂下延的种阜。花果期5～9月。（图1）

图1 远志

2. 卵叶远志

多年生草本，高15～20厘米；根圆柱形，较细，弯曲，表面褐色，有横纵皱纹和结节，支根纤细。茎、枝直立或外倾。单叶互生，叶片厚纸质或亚革质。卵形或卵状披针形，稀狭披针形，长1～2.3（～3）厘米，宽（3～）5～9毫米。总状花序与叶对生。蒴果圆形，径约6毫米。种子2粒，卵形，长约3毫米，径约1.5毫米，黑色，密被白色短柔毛，种阜2裂下延，疏被短柔毛。花期4～5月，果期5～8月。

二、资源分布概况

远志分布于东北、华北、西北、华东各地，主产于山西、吉林、陕西、河南等省。此外，山东、江苏、辽宁、内蒙古、河北等省区也有栽培。我国野生远志分布广泛，山西吕梁山区、陕北高原、晋南盆地及陇东平原蕴藏量达2000吨，占全国的70%。河北坝上高原的张北、张家口、隆化等地年收购量约有100吨，占全国的20%，其商品特点为根条肥大、皮细肉厚、色泽黄白、气味特殊，销往全国各地并出口。

栽培远志目前在山西、陕西、河北和山东等地均有分布。山西主要集中于新绛、闻喜、稷山、侯马、万荣、临汾、汾阳、平遥、绛县等地，其中以新绛、闻喜、稷山一带的远志种植技术较为成熟，远志种植已经成为当地的一项主要产业，2016年远志种植总面积在4.5万亩以上，年销售量达到2000吨，占全国总销售量的70%以上，成为重要的远志种植、加工、购销集散地。

三、生长习性

远志多野生于较干燥的田野、路旁和向阳山坡、石缝或砂石山上。喜凉爽气候，喜光，耐寒，耐旱，忌高温、忌涝洼积水，潮湿或积水地对远志生长不利。远志对土壤要求不严，以向阳、排灌方便、土层深厚、疏松肥沃、富含有机质、近中性的砂质壤土最适宜种植，其次是黏壤土和石灰质壤土，黏土、涝洼积水地不宜栽培。远志的分布区主要集中在花岗岩和片麻岩区，适宜的气候条件为年平均气温-4～6℃，能承受-30℃的低温，耐38℃的高温，但持续时间过长，地上茎会提前凋萎，甚至影响种子成熟；年降水量300～500毫米。春季植物返青季节和开花期需水量多，降水量的最佳范围为200毫米左右，适宜土壤为栗钙土、灰色土和草原黄砂。（图2）

远志以种子繁殖为主，春夏秋均可播种，春夏播远志在播种后10～15日开始出苗，秋播远志约在次年春季出苗。远志为多年生草本植物，当年出苗的远志生长缓慢，两片子叶贴近地面生长，幼苗生长1～2月，有侧枝伸出，3个月的幼苗，株高约为10厘米，秋季时地上部分死亡。翌年3～4月始返青，返青幼芽紫红色，生长缓慢，到4月中旬，幼叶变为绿色，更新芽萌发，芽长1～2厘米，长成新的地上部分，新枝多达10～20个。远志的更新芽可达8～27枚；卵叶远志可达37～45枚。更新芽生长在较深处，最深可出现在地面下30厘米处的根上。这些芽并非全部当年萌发，称为"隐芽"，在适宜的条件下可萌发生枝。9月底地上停止生长，进入冬季休眠期。远志播种后以生长2～3年收获为宜，以生长3年的产量最高。

图2　远志生境

四、栽培技术

1. 种植材料

远志以种子繁殖为主，播种有两种方式：直播、育苗，其中以直播方式为主。直播分条播与穴播两种（图3）。远志还可利用根进行无性繁殖，选直径0.3厘米左右根，截成5～6厘米小段，于上冻前或四月上旬下种，株距15～20厘米，每隔10～12厘米放短根2～3节，覆土3厘米深，每亩需栽20～30千克，以芦头部分的种栽发芽率最高。

图3　远志种子

2. 选地与整地

（1）选地　选择肥沃、向阳、排水良好的地块，地块性质以砂质壤土、绵黄土、褐土为宜。土壤为中性或微酸性，忌碱性。

（2）整地　整地前施足底肥，每亩施厩肥3000～4000千克。深翻50厘米，耙细、整平，做畦，畦宽150～200厘米，畦高25厘米，沟宽30厘米。若选择麦田复播茬口，应在小麦收获后，将地耙细耙平，待播。由于远志是多年生植物，翻地时必须一次施足底肥，每亩施厩肥2500～3000千克，最好再施鸡粪500千克，草木灰500千克，深翻20～30厘米，翻地时可施用过磷酸钙50千克，耙细整平，做成平畦。在北方多采用宽1米的平畦，进行条播。（图4）

图4　远志整地

3. 播种

（1）直播　春播在4月中下旬；秋播在8月中下旬进行，因地制宜，不可过晚，以保证出苗后不因气温太低而死亡。先在整好的地上浇足水，水下渗后再进行播种。每亩用种1～1.5千克，播前用水或0.3%磷酸二氢钾水溶液浸种1昼夜，捞出后与3～5倍细砂混合，在畦内按行距20～30厘米，开1～1.2厘米的浅沟，将混匀的种子均匀撒入沟中，上覆盖未完全燃尽的草木灰1.5～2厘米，以不露种子为宜，稍加镇压，视墒情浇水（最好用喷壶）。北方风大不易保墒，可用地膜覆盖。播后半个月出苗。（图5、图6）

图5　远志人工播种

图6　远志机械播种

（2）育苗移栽　旱地栽培种远志可采用育苗移栽的方法，3月上中旬进行，在苗床上条播，行距5厘米，覆土约0.5厘米，保持苗床湿润，温度控制在15～20℃为佳，播后约10日出苗，待苗高5厘米时进行定植。定植按株行距（3～6）厘米×（15～20）厘米在阴雨天或午后进行。

（3）无性繁殖　选择无病害、色泽黄亮、粗0.3～0.5厘米的根作无性繁殖材料，短根于4月上旬开始下种。在整好的地内，按行距15～20厘米开沟，每隔10～12厘米放短根2节或3节，覆土3厘米，稍压实。每亩需种根10～15千克，20～30日可出苗。

4. 田间管理

（1）间苗、定苗　当苗高2～3厘米时，可去掉保护设施，随即喷水，保持地表湿润。苗高4～5厘米时进行间苗、定苗，去杂、去病、去弱、去劣。定苗株距3～6厘米。缺苗断垄处要及时补栽，保证单位面积群体数量。

（2）中耕除草　远志在幼苗期生长较慢，各种杂草生长迅速，如果不注意除草，很容易发生草荒，严重影响远志生长。所以必须做到勤耕、浅耕。（图7、图8）

图7　远志除草　　　　　　　　　　　　　图8　远志栽培田

（3）追肥　在苗期追青期，每亩施入粪尿1000千克，促进幼苗生长。7～8月是根茎膨大期，每亩施磷肥、钾肥各20千克。每年的6月中下旬至7月上旬是远志生长旺盛期，每亩喷施0.3%的磷酸二氢钾溶液100千克，隔10～12日喷1次，连喷2～3次。

（4）除花蔓　远志花期较长，要消耗大量养分，为了减少养分消耗，从5月起多次除蔓，促进根茎膨大。

（5）排灌　因其喜干燥，除种子萌发期和幼苗期须适量浇水外，生长后期不宜经常浇水，雨季要注意清沟排水，防止田间积水。

（6）覆盖　远志生长1年的苗在松土除草后或生长2～3年的苗在追肥后，行间每亩覆盖麦糠、麦秕800～1000千克，连续覆盖2～3年，中间不需翻动。覆盖柴草增加土壤中的有机质，具有改良土壤、保持水分、减少杂草的综合效应，为远志生长创造了一个良好的生态环境。

（7）培土　冬季，远志地上部分枯萎后，将行间土埋在远志上面，以防冻害。

（8）打顶　对第3年采收种子的田块，由于远志花期长，种子陆续成熟，后期开花种子不能成熟。为了使前期开花的种子充分成熟，应适期打顶。

5. 病虫害防治

（1）病害

①根腐病：病株根部至茎部呈条状不规则紫色条纹，病苗叶片干枯后不落，拔除病苗后，根皮一般留在土壤中。

防治方法 将拔掉的病株集中烧毁，病穴部位用质量分数为10%的石灰水消毒，或用质量分数为1%的硫酸亚铁消毒。发现初期也可用体积分数为50%的多菌灵1000倍液进行喷洒，隔7～10日喷1次，连喷2～3次。

②叶枯病：高温季节易发生，危害叶片。

防治方法 用代森锰锌800～1000倍液，或瑞毒霉素800倍液叶面喷洒1～2次。

（2）虫害

①蚂蚁：采籽与种植期间，蚂蚁很快会将种子搬走，造成远志缺苗。

防治方法 一是播前用质量分数为2.5%的敌百虫粉拌种，采籽前可用敌百虫诱饵撒在出间火蚂蚁。二是当地面发现有蚂蚁时，可用体积分数为75%的辛硫磷乳油1000倍液喷杀。

②蚜虫：危害植株嫩叶。

防治方法 用40%乐果乳剂200倍液喷杀，每7～8日喷1次，2次即可。

五、采收加工

（一）采收

远志播种后2～3年收获，以生长3年的产量高，质量好；育苗移栽的移栽2年后收获。采挖时间以秋末春初最为适宜。如果要求远志的皂苷含量最高，则应根据其活性成分的动态积累规律，同时兼顾药材产量来确定采收期。

1. 种子采收

应在果实7～8月成熟时及时收获。在收集种子时千万不能人工摘除，以免因为摘除的籽粒中未成熟的种子过多，影响来年发芽率。正确办法是在每年的结籽期，趁雨后天气，将远志的行间踏实，形成沟状，使自然成熟的籽落入其中，用吸籽器吸回，或用扫帚扫回，除去杂质，用水冲净晾干，放干燥处保存，以备自用或出售。远志种子寿命为1～2

年。三年生远志平均单株产种子1.065克，千粒重3.45克。三年生卵叶远志平均单株产种子0.839克，千粒重4.92克。

2. 药材采收

远志以根（地下茎）入药。播种后第3年，于秋季地上部分枯萎后或春季萌芽前，先挖出根部，采挖时要小心，不要碰伤肉皮。目前，产区多采用机械采收。（图9）

图9　远志机械采收

（二）产地加工技术

把收获的新鲜药材通过不同方法干燥、加工成商品药材，是药材生产的最后一关，关系到药材产品的质量和产量，需严格遵守操作规程，避免损失。根采挖后除净泥土，先放在水泥地面上暴晒3～4日。晒到半干时，将远志根条装入袋中，装满踏实，放入室内，让晒过的远志条"发汗"。3日后，趁水分未干时，选粗大整齐的放在平板上来回搓至皮肉与木芯分离，抽去木芯，抽去芯的根称"远志筒"。抽去木芯时要轻、准、巧，抽出的筒越长越好。较小的根用木棒敲打，使其松软，去掉木芯，晒干，因皮部不成筒状，故名"远志肉"。不能抽去木芯，直接晒干的叫"远志棍"。分级后烘干或晒干至含水量低于12%。最后，根据远志筒的长短、粗细分类包装，以备出售。（图10～图15）

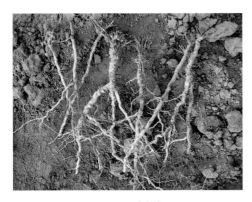

图10　远志鲜根

图11　远志发汗后

图12　远志抽芯

图13　远志抽芯后

图14　远志晾晒

图15　远志分级

六、药典标准

1. 药材性状

　　本品呈圆柱形，略弯曲，长2～30厘米，直径0.2～1厘米。表面灰黄色至灰棕色，有较密并深陷的横皱纹、纵皱纹及裂纹，老根的横皱纹较密更深陷，略呈结节状。质硬而脆，易折断，断面皮部棕黄色，木部黄白色，皮部易与木部剥离，抽取木心者中空。气微，味苦、微辛，嚼之有刺喉感。

2. 鉴别

　　本品横切面：木栓细胞10余列。栓内层为20余列薄壁细胞，有切向裂隙。韧皮部较宽广，常现径向裂隙。形成层成环。有木心者木质部发达，均木化，射线宽1～3列细胞。薄壁细胞大多含脂肪油滴；有的含草酸钙簇晶和方晶。

3. 检查

（1）水分　不得过12.0%。

（2）总灰分　不得过6.0%。

（3）黄曲霉毒素　照真菌毒素测定法测定，本品每1000克含黄曲霉毒素B_1不得过5微克，黄曲霉毒素G_2、黄曲霉毒素G_1、黄曲霉毒素B_2和黄曲霉毒素B_1总量不得过10微克。

4. 浸出物

照醇溶性浸出物测定法项下的热浸法测定，用70%乙醇作溶剂，不得少于30.0%。

七、仓储运输

（一）包装

远志筒、远志棍分级分类包装。一般用编织袋、麻袋与塑料袋包装，贮存于通风干燥处，湿度30℃以下，相对湿度70%～75%。商品安全水分为9%～12%。包装应注明品名，等级、净重、毛重、产地、收获时间、批次，并有质量合格标志。包装前应检查药材是否已充分干燥，并清除劣质品及异物。

（二）贮藏

远志贮藏期间，因受周围环境和自然条件等因素的影响，常会发生霉烂、虫蛀和泛油等现象，导致远志质量变坏，影响或失去疗效。应注意贮藏保管条件，以保证其质量和疗效。贮藏期间，要定期检查，轻搬轻放，减少破碎。贮藏仓库必须干燥、通风、避光。

（三）运输

运输工具必须清洁、干燥、无异味、无污染。药材批量运输时，不应与其他有毒、有害等可能污染其品质的物质混装。运输中应防雨、防潮、防污染。

八、药材规格等级

1. 远志筒规格标准

（1）一等　干货。呈筒状，中空。表面浅棕色或灰黄色，全体有较深的横皱纹，皮细肉厚。质脆易断，断面黄白色。气特殊，味苦微辛。长7厘米，中部直径0.5厘米以上。无木芯、杂质、虫蛀、霉变。（图16）

（2）二等　干货。呈筒状，中空。表面浅棕色或灰黄色，全体有较深的横皱纹，皮细肉厚。质脆易断，断面黄白色。气特殊，味苦微辛。长5厘米，中部直径0.4厘米以上。无木芯、杂质、虫蛀、霉变。（图17）

2. 远志肉规格标准

统货。干货。多为破裂断碎的肉质根皮。表面棕黄色或灰黄色，全体为横皱纹，皮粗细厚薄不等。质脆易断，断面黄白色。气特殊，味苦微辛。无芦茎、无木芯、杂质、虫蛀、霉变。（图18）

图16　远志筒 一等

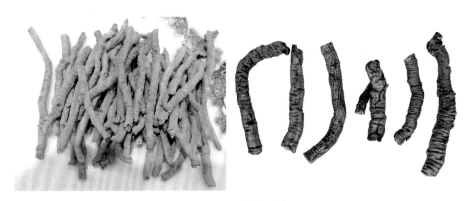

图17 远志筒 二等

图18 远志肉

九、药用价值

远志味苦、辛，性温。归心、肾、肺经。具安神益智，交通心肾，祛痰，消肿功效。用于心肾不交引起的失眠多梦、健忘惊悸、神志恍惚，咳痰不爽，疮疡肿毒，乳房肿痛等症。

参考文献

[1]　中国科学院中国植物志编委会. 中国植物志[M]. 北京：科学出版社，2004.

[2]　滕训辉，乔永刚. 远志生产加工适宜技术[M]. 北京：中国医药科技出版社，2018.

[3]　张丽萍，薛健，赵宝华，等. 药用动植物种养加工技术——远志[M]. 北京：中国中医药出版社，2001.

[4] 宫喜臣. 北方主要药用植物种植技术[M]. 北京: 金盾出版社, 2001.

[5] 常维春, 王艳艳. 淫羊藿远志无公害高效栽培与加工[M]. 北京: 金盾出版社, 2003.

[6] 陕西省陕南中药产业发展领导小组办公室、陕西省科学院. 陕西中药材GAP栽培技术[M]. 北京: 科学出版社, 2004.

[7] 么厉, 程惠珍, 杨智. 中药材规范化种植（养殖）技术指南[M]. 北京: 中国农业出社, 2006.

[8] 宋水生, 赵云生. 远志种子采集时间与方法研究[J]. 中国农村小康科技, 2007（10）: 53-54.

连翘 lian qiao

本品为木犀科植物连翘*Forsythia suspensa*（Thunb.）Vahl的干燥果实。

一、植物特征

落叶灌木。枝开展或下垂，棕色、棕褐色或淡黄褐色，小枝土黄色或灰褐色，略呈四棱形，疏生皮孔，节间中空，节部具实心髓。叶通常为单叶，或3裂至三出复叶，叶片卵形、宽卵形或椭圆状卵形至椭圆形，长2～10厘米，宽1.5～5厘米，先端锐尖，基部圆形、宽楔形至楔形，叶缘除基部外具锐锯齿或粗锯齿，上面深绿色，下面淡黄绿色，两面无毛；叶柄长0.8～1.5厘米，无毛。花通常单生或2至数朵着生于叶腋，先于叶开放；花梗长5～6毫米；花萼绿色，裂片长圆形或长圆状椭圆形，长（5～）6～7毫米，先端钝或锐尖，边缘具睫毛，与花冠管近等长；花冠黄色，裂片倒卵状长圆形或长圆形，长1.2～2厘米，宽6～10毫米；在雌蕊长5～7毫米花中，雄蕊长3～5毫米，在雄蕊长6～7毫米的花中，雌蕊长约3毫米。果卵球形、卵状椭圆形或长椭圆形，长1.2～2.5厘米，宽0.6～1.2厘米，先端喙状渐尖，表面疏生皮孔；果梗长0.7～1.5厘米。花期3～4月，果期7～9月。（图1、图2）

二、资源分布概况

连翘以野生为主，在我国连翘野生资源主要分布于秦岭山脉中部、东部和太行山西麓、太行山南部、中条山、太岳山、吕梁山南部、五台山、伏牛山、桐柏山，呈丁字形分布，生于海拔250～2200米山坡灌丛、林或草丛中。

图1　连翘

山西省连翘野生资源最为丰富，且品质最佳，是当地一种独具地缘优势的特色农业、林业资源，具有"品质好、产量大、使用量大、技术开发空间大"的资源优势和特点。其野生资源面积约600万亩，连翘果实蕴藏量约达1200万千克，占全国蕴藏量60%左右，分布成三大片，即太行山连翘带、中条山连翘带和太岳山连翘带，共45个县。太行山连翘带包括以泽州为代表的泛太行山区8个县。分别是：武乡、左权（南会、后柴城、前柴城、老十亩、寺上、熟峪、连

图2　连翘花
（左图：短花柱；右图：长花柱）

家峪、安窑底、上武、隰口、十字岭）、黎城（南委泉）、平顺（东寺头、虹梯关、杏城）、壶关（树掌）、陵川（六泉）、泽州（晋庙铺）、阳城。中条山连翘带包括以平陆为代表的垣曲（历山）、平陆、夏县、绛县、闻喜（后宫）、永济和河东区的吉县和隰县8个县。太岳山连翘带包括以安泽为代表的沁水（十里）、高平、安泽（良马、冀氏镇）、浮山、古县（北平）、屯留（七泉、八泉）、长子（晋义、衡水、西堡头）、沁县、沁源（麻坪）9个县。

三、生长习性

连翘生长对土壤要求不严，山地、平原均可种植，在向阳、土壤肥沃、质地疏松、排水良好的砂壤土生长良好。连翘对外界环境条件的适应性较强，但不同环境条件对连翘的影响有一定的差异。温度、日照和海拔是影响连翘生长发育的主要因素。连翘种植的适宜

年平均温度为5.0～15.6℃，尤其以15℃左右的温度为最好。连翘开花期如遇到倒春寒将严重影响产量。连翘开花前需要充足的光照，阴坡开花比阳坡晚。

连翘为多年生植物，一生要经过幼树期、初结果期、盛果期、衰老更新期4个时期。虽然每个时期的生长和结果情况不同，但生长发育过程都有年循环周期现象。连翘的年生长期为270～320天，遇霜即停止生长，从开花到果实成熟需要140～160天。当气温达6℃左右时，花芽开始萌发，随后10天左右开始开放。

四、栽培技术

1. 选地与整地

（1）选地　以土层深厚、疏松肥沃、排水良好的夹沙土地作育苗地为宜；以通透性能良好、靠近水源的砂土地作扦插育苗地，可促进连翘发根，便于灌溉。土层较厚、肥沃疏松、排水良好、背风向阳的山地或者缓坡地成片栽培连翘，有利于异株异花授粉，提高结实率，一般只挖穴种植。

（2）整地　地选好后于播前或定植前深翻，施基肥30 000～45 000千克/公顷。深耕20～25厘米，耙细整平做宽、高为1.2米×15厘米的畦，注意畦长应因地制宜。

在原有植株周围进行鱼鳞坑整穴，随自然坡形，沿等高线水平放线，品字形定点，按株行距2米×3米，挖近似半月形的坑，坑底低于原坡面，保持水平或向内倾凹入。鱼鳞坑规格为：长40～60厘米，宽40～50厘米，深20～40厘米。在坑外缘用未风化的碎石筑埂，埂高15厘米。将周边表土入坑，底土堆在坑外侧，结合周边原有植株位置，外高里低。（图3）

图3　鱼鳞坑整穴

2. 繁殖方法

（1）育苗移栽　分为种子繁殖、扦插繁殖、压条繁殖和分株繁殖4种方法。一般大面积生产主要采用播种育苗，其次采用扦插育苗，零星栽培也可用压条或分株育苗繁殖。

1mm

图4　连翘种子

①种子繁殖：选择生长健壮、枝条节间短而粗壮、花果着生密而饱满、无病虫害的优良单株作采种田株，于9～10月采集成熟的果实，薄摊于通风阴凉处后熟数日，阴干后脱粒，选取籽粒饱满的种子，沙藏作种用（图4）。宜春播，北方于4月上旬进行。播后经常保持床土湿润，约20天开始出苗，齐苗后揭去盖草。

②扦插繁殖：秋季落叶后，选优良母株，剪取1～2年生的嫩枝，截成30厘米长的插穗，每段留3个节，捆成小捆，埋在坑内沙藏。第2年春季取出，用生根粉或吲哚丁酸液浸泡插口，保持湿润，随即插入苗床，行株距为10厘米×15厘米，1个月左右即生根发芽，当年冬季即可长成50厘米以上高的植株，即可出圃移栽。（图5，图6）

图5　连翘育苗

图6　连翘移栽

③压条繁殖：春季3～4月将母株下垂枝弯曲压入土内，在入土处用刀刻伤，夏秋季生根发芽。当年冬季至第2年早春，可割离母株，挖取带根的幼苗定植。

④分株繁殖：连翘分蘖能力较强，可在冬季或春季从老株边挖取带根的分蘖苗栽种。

（2）直接播种　清明前后，在耙平整细的畦地上按行距1.6米、株距1.3米挖穴，每穴播入种子3～5粒。出苗后每穴选留壮苗1株，不再移植。

（3）芽播繁殖　如无种子来源，为节省条材进行繁殖时，芽播是最好的办法。

于11月末至2月初选择生长健壮连翘作母树，从母树上剪取当年生、直径0.4毫米以上的木质化的枝条作条材，将条材按0.8～1米长截段，去掉未木质化或粗度不够的梢头，切口上下分开摆齐，每50～100根绑扎成捆，存放在窖里，用湿沙埋好，将条材两个芽中间剪成短穗即芽，穗长3.5～5.5厘米。播种前将芽浸泡24小时。选择土壤疏松、排水良好、便于管理的地段作芽播床，将土壤翻耕并整平，做成长、宽、高为5米×1米×0.3米的苗床，床面要求平整。芽播前5～7天用2%的高锰酸钾溶液喷洒床面，进行消毒处理。芽播时间为4月中、下旬，播前向床面均匀喷水，再将剪好的芽按株行距5厘米×10厘米平放在床面上，用细河沙覆盖，厚度为1厘米。播后要及时浇透水，床上搭拱架，罩上塑料薄膜或覆草。采取封闭的方式进行芽播育苗，这样可以提高温湿度，抑制芽水分的蒸腾量，促进生根成活。每天喷洒2次水，每床每次喷约3千克，保持土壤湿润，一般芽播20日左右，便可发芽生根，30日后撤膜，转入常规管理。

3. 田间管理

（1）间苗与补苗　当苗高5～7厘米时开始间苗、补苗，保持株距在5～6厘米。由于苗期生长缓慢，应注意中耕除草，出苗后至少每月进行1次。第1次结合间苗进行，以后在6、8、10月进行中耕除草后，都要及时追肥1次。

（2）定植与授粉树配置　按行距2米、株距1.5米将长柱花植株与短柱花植株种苗采用株间混交或行间混交配置栽植。研究表明：连翘的异花授粉结果率高于自花授粉，短柱花的花粉授到长柱花柱头，结果率达到80%以上。解决了连翘自然生长状态下结果率低的问题。

（3）中耕除草与施肥　移栽大田后，每年都可中耕除草4次，一般在3、5、7、10月进行；追肥3次，在3、5、10月中耕除草后进行。肥料以人畜粪水为主，也可施用氮素化肥。

（4）花期管理　为提高连翘产量采取花期喷硼的措施。也可在开花前、幼果期、果实膨大期喷洒菜果壮蒂灵增强花粉受精质量，提高循环坐果率，还能有效抑制枝梢疯长，增强连翘抗御病虫侵害的能力，促进果实发育，连年丰产。

（5）整形修剪　整形修剪分幼树和成
年树整形修剪。幼树期，定植当年株高达
1米左右时，离地面70～80厘米处剪去顶
梢。夏季通过摘心，促发分枝，选留3～4
个发育充实的枝条，培育成为主枝。以后
在主枝上再选留3～4个壮枝，培育成为副
主枝，在副主枝上放出侧枝（图7）。成年
树整形修剪，冬季修剪以疏剪为主，将枯
枝、重叠枝、交叉枝、纤弱枝、徒长枝和
病虫枝剪除，修剪时注意去弱留强。

图7　连翘幼树修剪

（6）平茬更新　对产量下降显著的老
龄树和病树应及时更新，适宜的平茬时间为冬季休眠期（10月至翌年2月）。平茬的方法
是将连翘地上部分离地面5～10厘米以上部分全部剪除。冬季平茬后，春季萌发枝条生长
旺盛，当年可形成结果枝，第2年即能开花结果。

4. 病虫害防治

（1）病害　连翘基本处于野生状态，对环境条件适应能力较强，加上人工繁殖栽培时
间较短，目前较少发生病害。

（2）虫害

①蜗牛：主要为害嫩芽、叶片和嫩茎，严重时叶片被吃光，茎被咬断，造成缺苗断
垄。亦可危害花及幼果。

　防治方法　撒生石灰带。在沟边、地头或桑树间撒石灰带，每亩用生石灰5～10千
克，酸性土壤10～20千克。蜗牛沾生石灰失水死亡，可杀死部分成、幼虫。

②桑天牛：幼虫钻蛀茎秆，取食为害。蛀孔有唾沫状胶质分泌物，并有木屑和虫
粪。植株被害后水分和养分输导能力受阻，致使长势衰退，枝叶枯萎，严重时整株枯死。

　防治方法　在幼虫活动期间，洞孔只要有新鲜虫粪排出，均可进行。用注射器或压
力加油壶等工具，将80%的敌敌畏原液塞入有新鲜虫粪排出的蛀孔，用药后再用泥土将孔
口封住。或用磷化锌毒签插入新鲜排粪蛀孔，防治效果也好。

③金缘吉丁：在枝干皮层内蛀食可造成皮层干裂、枯死、凹陷，变为黑褐色，虫疤
上常有红褐色黏液渗出，俗称"冒红油"。成虫取食叶缘，造成缺刻。6月上、中旬为严
重危害期。此时二、三年生被害枝常大量枯死。

防治方法 加强苗木检疫：禁止从疫区调运带虫的连翘苗木和接穗。对带虫苗木、接穗，在25～26℃温度下，用氰化钠16克/立方米密闭熏蒸1小时。幼虫期防治：幼虫期，即初孵幼虫在皮层浅处危害时，在"冒红油"的虫疤处涂抹煤油、敌敌畏液（20∶1），对皮层幼虫有95%以上防效。成虫期防治：成虫羽化出穴初期和盛期结合防治其他害虫选用80%敌敌畏乳油或50%对硫磷1500～2000倍液树冠喷药。也可在成虫羽化出穴盛期清晨振动树下，人工捕捉成虫。

④其他害虫：钻心虫、蝼蛄等。

防治方法 防治钻心虫，可用药棉蘸80%敌敌畏原液堵塞蛀孔毒杀，亦可将受害枝剪除。防治蝼蛄可采用常规的毒谷或毒饵法。

对于防治虫害，也可采用农业防治的方法。

清理田园：于早春和晚秋清理连翘园被修剪下来的残、枯、病、虫枝条，连同园地周围的枯草落叶，集中到园外烧毁，消灭病虫源。

土壤耕作：早春土壤浅耕、中耕除草、挖坑施肥、灌水封闭和秋季翻晒园地，杀灭土层中的羽化虫体，降低虫卵密度。

五、采收加工

1. 采收与留种

（1）青翘采收　于7～9月，果实初熟尚带绿色时采收。

（2）老翘采收　于翌年1月，果实熟透时采收。

（3）留种　选择生长健壮，果实饱满，无病虫害的优良母株上成熟的黄色果实，将留种用的黄色果实果壳内的种子筛出，去灰土，晒干备用。

2. 加工

（1）青翘　水煮之后晒干的俗称"水煮货"，直接晒干俗称"生晒货"。目前产地加工主要有三种方式：一是蒸汽或水煮后，用净化热风直接烘干或烘至半干后晒干；二是直接燃煤热风烘干；三是直接晒干。前两种干燥方法青翘表面多为绿褐色，外观与水煮之后晒干的相近，因此仍称为"水煮货"；直接晒干的青翘表面多为黄棕色或黄褐色。研究发现，不同炮制条件下连翘中化学成分含量及活性有明显不同，综合考虑各因素的影响，确定了最佳水煮炮制条件为：加6倍水，沸水煮8分钟。

（2）老翘　一般采收后直接晒干或烘干。

（3）连翘茶　鲜叶→初选（除去枝梗、杂质）→杀青→揉捻→干燥→烘干（≤70℃）→净选（除去枝梗、杂质）→包装→成品。

关于连翘加工是否去心说法不一。研究发现，连翘壳和心所含有效成分相同，含量相近，从成分角度出发，连翘无须去心；现代药理研究也发现，连翘壳和心的抑菌作用基本一致。但连翘心具中枢兴奋作用，带心连翘服后有时会致失眠，认为失眠患者应用连翘以去心为宜。同样也表明，正因为其具中枢兴奋作用，其心长于消心火，为治邪陷心包、烦热、神昏谵语之良药，连翘壳无此作用，故有必要保留连翘心这一炮制品。

六、药典标准

1. 药材性状

本品呈长卵形至卵形，稍扁，长1.5～2.5厘米，直径0.5～1.3厘米。表面有不规则的纵皱纹和多数突起的小斑点，两面各有1条明显的纵沟。顶端锐尖，基部有小果梗或已脱落。青翘多不开裂，表面绿褐色，突起的灰白色小斑点较少；质硬；种子多数，黄绿色，细长，一侧有翅。老翘自顶端开裂或裂成两瓣，表面黄棕色或红棕色，内表面多为浅黄棕色，平滑，具一纵隔；质脆；种子棕色，多已脱落。气微香，味苦。（图8）

图8　连翘药材

2. 鉴别

本品果皮横切面：外果皮为1列扁平细胞，外壁及侧壁增厚，被角质层。中果皮外侧薄壁组织中散有维管束；中果皮内侧为多列石细胞，长条形、类圆形或长圆形，壁厚薄不一，多切向镶嵌状排列。内果皮为1列薄壁细胞。

3. 检查

（1）杂质　青翘不得过3%，老翘不得过9%。

（2）水分　不得过10.0%。

（3）总灰分　不得过4.0%。

4. 浸出物

照醇溶性浸出物测定法项下的冷浸法测定，用65%乙醇作溶剂，青翘不得少于30.0%，老翘不得少于16.0%。

七、仓储运输

1. 包装

连翘用麻袋包装，每件25千克左右。贮于仓库干燥处，温度30℃以下，相对湿度70%～75%，安全水分为8%～11%。

2. 贮藏

连翘较少虫蛀，受潮易发霉。为害的仓虫有烟草甲、锯谷盗、米扁虫、米黑虫、麦蛾、丝薪甲等。贮藏期间，应保持环境整洁、干燥。发现虫害，用磷化铝熏杀，或密封抽氧充氮养护。

3. 运输

运输工具或容器应具有较好的通气性，以保持干燥，应有防潮措施，并尽可能地缩短运输时间。同时，不应与其他有毒、有害、易串味物品混装。

八、药材规格等级

（1）青翘水煮（汽蒸）选货　鲜青翘经水煮或蒸汽蒸后，用净化热风直接烘干或烘至半干后晒干，去除部分的枝、梗、叶和碎瓣之后的青翘。开口个重量占比不超过5%，碎瓣重量占比不超过1%，籽重量占比不超过5%，枝、梗、叶重量占比不超过3%，0.2厘米以下灰渣重量占比不超过4%。

（2）青翘水煮（汽蒸）统货　鲜青翘经水煮或蒸汽蒸后，用净化热风直接烘干或烘至半干后晒干。开口个重量占比不超过5%，碎瓣重量占比不超过3%，籽重量占比不超过5%，枝、梗、叶重量占比不超过5%，0.2厘米以下灰渣重量占比不超过4%。

（3）青翘生烘统货　采收之后直接烘干的青翘。开口个重量占比不超过15%，碎瓣重量占比不超过5%，籽重量占比不超过10%，枝、梗、叶重量占比不超过5%，0.2厘米以下灰渣重量占比不超过4%。

（4）青翘生晒统货　采收之后直接晒干的青翘。开口个重量占比不超过30%，碎瓣重量占比不超过8%，籽重量占比不超过10%，枝、梗、叶重量占比不超过5%，0.2厘米以下灰渣重量占比不超过4%。

（5）老翘（黄翘）选货　采收之后晒干的老翘（黄翘）。再去除少量的枝、梗、叶和碎瓣之后的老翘（黄翘）。全开口，无枝、梗、叶、碎瓣重量占比不超过1%，籽重量占比不超过8%，0.2厘米以下灰渣重量占比不超过4%。

（6）老翘（黄翘）统货　采收之后晒干的老翘（黄翘）。开口个重量占比不超过70%，碎瓣重量占比不超过5%，籽重量占比不超过8%，枝、梗、叶重量占比不超过10%，0.2厘米以下灰渣重量占比不超过4%。

九、药用价值

连翘始载于《神农本草经》，味苦，性微寒，具有清热解毒、消肿散结、疏散风热之功能。现代药理研究表明，连翘具有抗氧化、降血脂、抗炎、抗癌、保肝、抗菌、抗病毒及抑制弹性蛋白酶等作用。

参考文献

[1]　中国科学院中国植物志编委会. 中国植物志：第61卷[M]. 北京：科学出版社，1992.

[2]　赵丽霞，温春秀，刘铭. 连翘规范化栽培技术[J]. 现代农村科技，2011（16）：6.

[3]　罗晓铮，董诚明，纪宝玉. 连翘开花结实习性与物候期的观测[J]. 河南农业科学，2009，38（5）：104−107.

[4]　何莉，桑志伟. 连翘栽培技术[J]. 现代园艺，2012（3）：40−41.

[5]　吴谦. 连翘栽培技术[J]. 现代农业科技，2013（18）：99−100.

[6] 姜涛. 连翘炮制方法及过程规范化研究[D]. 太原：山西大学，2013.

[7] 龙兴超，郭宝林. 200种中药材商品电子交易规格等级标准[M]. 北京：中国医药科技出版社，2017.

知 母
zhi mu

本品为百合科植物知母*Anemarrhena asphodeloides* Bge.的干燥根茎。

一、植物特征

根状茎粗0.5～1.5厘米，为残存的叶鞘所覆盖。叶长15～60厘米，宽1.5～11毫米，向先端渐尖而成近丝状，基部渐宽而成鞘状，具多条平行脉，没有明显的中脉。花葶比叶长得多；总状花序通常较长，可达20～50厘米；苞片小，卵形或卵圆形，先端长渐尖；花粉红色、淡紫色至白色；花被片条形，长5～10毫米，中央具3脉，宿存。蒴果狭椭圆形，长8～13毫米，宽5～6毫米，顶端有短喙。种子长7～10毫米。花果期6～9月。（图1、图2）

二、资源分布概况

知母主要分布于东北、华北、西北，跨越东经106°～127°，北纬34°～53°。主要产区在河北、北京、天津、山西、山东（山东半岛）、

图1　知母

图2　知母花穗

河南、陕西（北部）、甘肃（东部）、宁夏、内蒙古（南部）、辽宁（西南部）、吉林（西部）和黑龙江（南部）。河北、山西的知母主要集中分布于太行山脉两侧。河北易县、涞源一带是知母的道地产区，所产知母品质为全国之首，其药材习称"西陵知母"。

　　生长于海拔200～1000米的向阳坡、地边、草原和杂草丛中。知母具有较强的抗旱和抗寒能力，喜光、怕涝，适应性很强。在干旱少雨的荒山、荒漠、荒地中都能生长，是绿化山区和荒原的首选品种，全年各季节都能播种，主要是春播或夏播。

三、生长习性

　　知母以根及根茎在土壤中越冬，春季3月下旬至4月上旬，平均气温7～8℃时开始发芽，7～8月份进入旺盛生长期，9月中旬以后地上部分逐渐停止生长，11月上中旬茎叶全部枯竭进入休眠期。知母播种后，当年地下部分只生长出一个球茎，并不分出横生的根状茎，到第2年春天生长季开始时，一年生苗开始产生分蘖，通常为3个，分蘖的产生导致球茎分支。各分支从球茎发出，向外水平延伸生长。生长季中持续的顶端生长使横走的根状茎不断的伸长，以后每年每个根茎顶端又会产生分支，一般为2个分支。多年生知母的根茎大体上是从一个中心辐射状逐级伸展出许多分支状的根状茎。

四、栽培技术

知母人工栽培的历史较短，其野生变家栽始于20世纪50年代末，优良栽培品种和品系研究工作还没有系统开展，还没有培育出栽培品种和优良无性系，目前人工栽培使用的种子均来源于野生变家栽的人工种群。北京中医药大学经过对全国各地自然分布和栽培种群的调查研究，初步遴选出一些在外部形态上具有显著差异的变异类型，如宽叶类型和窄叶类型，并在知母的道地产区河北省易县西陵建立了种质资源圃，开始进行优良栽培品种和种源的选育研究工作。

根据繁殖方法，目前知母的栽培可以分为育苗移栽、直播和分株繁殖三种方法，根据土地和栽培管理强度可以分为集约栽培和仿野生栽培两种栽培方式。

（一）选地与整地

1. 选地

大田栽培宜选择排水良好、疏松的、腐殖质多的壤土和砂质壤土种植，作为育苗地一般要求具有灌溉条件，对易发生积水的地形应设置排水设施。仿野生栽培可用荒坡、梯田、地边、路旁等零散土地栽培。

2. 整地

大田种植时结合翻耕整地每亩施用充分腐熟的厩肥300千克、过磷酸钙75千克、磷酸二铵30千克、硫酸钾15千克，或每亩用含氮、磷、钾的三元素复合肥80千克作为基肥。不论选用哪种肥料，都要均匀撒入地内，深耕细耙，整平后作2～3米的平畦待播。

（二）繁殖方法

1. 种子选择与处理

知母不论是育苗移栽还是直播，都需要用当年产的发育成熟、无病虫害的合格种子进行种植（图3）；隔年种子发芽率很低，生产上多不采用。选择二年生的知母田进行采种，种子于8月上旬开始陆续成熟，一直延续到9月底。经试验以8月中旬以后到9月上旬采收的种子发芽率及质量最好；采收后的种子放到通风干燥处晾干并去除外壳及杂质后备用。

图3　知母种子

　　知母种子发芽的适宜温度较高，一般平均气温13～15℃时，种子萌发一般需要15～20天；若气温在18～20℃时，1周左右开始萌发。播种前一般要进行种子催芽。在播种之前，将种子用60℃温水浸泡8～12小时，捞出并与种子2倍量的湿砂拌匀，然后在背风向阳温暖之处挖深20～30厘米催芽坑，坑的面积视种子多少而定，将种子平铺于坑内，上面覆土5～6厘米，再用农用塑料膜覆盖，周围用土压好。待多数种子的胚芽刚刚穿破种皮伸出时即可进行大田育苗播种。（图4）

　　种子分级标准：种子纯度的高低是衡量种子质量优劣的主要指标，我国种子纯度检验规定，高纯度应大于99%，低于90%要作为混色出售，低于80%的不得出售。依据国家规定，结合西陵知母种子生产实际，把知母种子分级标准中的纯度定为：一级知母种子纯度大于99%，二级知母种子纯度为90%～99%，三级知母种子纯度为80%～90%，四级知母种

图4　知母种子催芽播种

子纯度小于80%。一级种子最优，二级种子也符合播种要求，生产上可以采用。

2. 育苗与移栽

知母育苗移栽可以利用设施延长生育期，提高土地利用效率、确保苗壮苗齐。常见生产方式有条播育苗与宽幅播种育苗。

（1）条播育苗　将一级或二级优良种子于4月中下旬在底墒充足、整好地的畦内，顺畦按行距15～20厘米，用精量播

图5　知母条播育苗

种机进行播种，覆土厚度0.5～1厘米，顺行镇压搂平即可，每亩用种量5～8千克；保持土壤湿润，15～20天即可出苗，生长1年后进行移栽。（图5）

（2）宽幅播种育苗　将一级或二级优良种子于4月中下旬在底墒充足、整好地的2～3米宽的畦内，顺畦按行距15厘米，用耧子或独角耧开浅沟，将沟底趟平，顺沟底将种子均匀撒入，播幅宽10～15厘米，然后用铁耙搂平，盖严种子即可，一般覆土厚度0.5～1厘米，亩用种量10～15千克；保持土壤湿润，15～20天即可出苗，生长1年后进行移栽。（图6）

图6　知母宽幅播种育苗

生长1年后的知母种苗，于第二年春季4月下旬至5月上旬进行大田移栽，按上述种苗分级标准选择优质种苗进行大田移栽，在充分施足底肥并整好地的畦内按行距25～30厘

米、株距20～25厘米开5～8厘米深的沟或挖穴栽植，覆土埋实、浇水即可成活，亩栽种苗8000～10 000株。（图7）

3. 直播种植

直播前施足基肥，整地做畦，在河北省于清明至谷雨节前后进行种植，顺畦按行距25～30厘米，开1.5～2厘米深

图7 育苗1年后移栽大田

的浅沟，将种子均匀地撒入沟内，覆土厚度0.5～1厘米，稍镇压。播种时底墒要求充足，保持地面湿润，以利顺利出苗。地温在25℃以上时10～15天即可出苗。直播种植播种前一般不进行种子催芽，直播干种子，亩用种量1～2千克。

夏季雨季播种在下过透雨后进行，最好播种后保持1周以上的阴雨天气，播种方法同春播。秋播在10～11月进行，翌年4月出苗。

为保持土壤湿润，有条件时最好在地面覆盖一层杂草或秸秆。

如果种苗过密，需要于第2年结合间苗定苗进行移栽。秧苗移栽亩需种苗8000～9000株。

一般山区或丘陵地区进行仿野生栽培较好；根据播种时间可分为春季、雨季和秋季播种，根据情况也可以进行手撒种子播种。也可以按行距25～30厘米，株距15～20厘米进行点穴种植，种植出苗后在自然情况下生长。

4. 分株繁殖

秋季植株枯萎时或翌春解冻后返青前，刨出两年以上根茎（野生植株或人工种植），分段切开，每段长5～8厘米，每段带有2个芽，作为种栽。为了节省繁殖材料，在收获时，可把根茎的芽头切下来作为繁殖材料。集约栽培按行距25厘米开沟，沟深6厘米，将种栽按株距10厘米平放在沟内，然后覆土后压紧，灌透水一次即可。每公顷用种栽1500～3000千克。仿野生栽培，可以按行距25～30厘米，株距15～20厘米进行穴植。

（三）田间管理

知母抗性和适应性较强，田间管理主要是灌溉、施肥、松土、除草和剪薹。

（1）间苗　种子繁殖出苗后，当苗高4～5厘米时及时除苗，除去过密、瘦弱和有病虫的幼苗，选留生长健壮的苗株，大田直播间苗一般进行2～3次，间苗宜早不宜迟，可以结合松土除草同时进行，疏去过密和弱小的秧苗，留苗密度为定苗密度的1/2左右。

（2）补苗　播种后一般会发生出苗少、出苗不整齐，或出苗后遭受病虫害，造成缺苗，为保证苗齐、苗全，稳定及提高产量和质量，必须及时补种和补苗。一般补苗与间苗同时进行，即从间苗中选生长健壮的幼苗稍带土进行补栽，补苗最好选阴天后或晴天傍晚进行，并浇足定根水，保证成活。

（3）定苗　定苗在苗高5～6厘米时进行，条播按株距4厘米定苗，畦播育苗按株行距4厘米×4厘米定苗。

（4）中耕除草　中耕除草一般是在药用植物封行前选晴天土壤湿度不大时进行。除草以"除早，除小，除了"为原则，及时清除田间杂草，防止草"欺"知母幼苗，待苗高7～8厘米时，进行一次中耕除草。知母根系分布于土壤表层，松土宜浅，一般是4～6厘米，用锄浅浅地把草除掉即可。幼苗阶段杂草最易滋生，土壤也易板结，中耕除草次数宜多；成苗阶段，中耕除草次数宜少，以免损伤植株，生长期内要保持基地内疏松无杂草。天气干旱，土壤黏重，应多中耕，雨后或灌水后应及时中耕，避免土壤板结。大田育苗除草要以人工锄草和机械中耕除草相结合，早期宜人工拔除杂草，苗木生长中后期结合施肥机械中耕除草，禁止使用各种化学除草剂。

（5）培土　结合中耕进行培土，秋末也要注意培土，秋末培土可在入冬前结合浇防冻水进行。

（6）灌溉　知母在整个生长期内，水分的供应至关重要。第一年知母生长缓慢，应浇小水，第二年后，生长较快，应适当增加浇水次数，生长期结合除草、施肥，于6月中旬和8月中旬各灌水1次，有利于氮、磷、钾的平衡吸收，如果在此期间降雨，土壤水量达到60%左右时，可以不进行灌溉。灌溉应在早晨或傍晚进行，切勿在阳光曝晒下进行。

（7）排水　知母等根茎类药材最容易发生涝害，在雨季降水量集中或在低洼育种地段，应该做好排水沟，及时排水，为种苗生长创造一个良好的环境。

（8）追肥　第一年除施足底肥外，可在中后期适当追施磷酸二铵、尿素；待第二年后，生长较快，应适当增加浇水次数并追施一些农家肥或三元素复合肥，一般每次亩施30千克左右复合肥，也可亩追施磷酸二铵20千克+尿素15千克，可追肥1～2次，促使根茎生长。在6~8月旺盛生长之前，追施速效肥料是非常必要的，亩施尿素、过磷酸钙、硫酸钾分别为20千克、30千克、4.5千克时效果最佳，从肥料配比试验效果看来，按照N：P：K为2：1：0.5的比例追施氮肥、磷肥、钾肥为好。

在氮、磷、钾肥料配施的前提下，7月份开始至8月底，知母进入生育旺盛期，每半个月喷施一次钾肥，每亩喷1%的硫酸钾溶液100千克或0.3%的磷酸二氢钾溶液100~120千克，隔12~15天喷1次，连喷2次，即根外追肥，在无风的下午4点以后喷施的效果最佳，喷肥后若遇雨天，应重喷1次。

（9）剪薹　知母播种后翌年夏季开始抽花茎，高达60~90厘米，在生育过程中消耗大量的养分。为了保存养分，使根茎发育良好，除留种者外，在开花之前一律剪掉花薹。试验表明，采用这种方法可使药材产量增加15%~20%。

（四）病虫害防治

知母的抗病能力较强，在栽培期间一般病虫害很少发生，除个别地势低洼、易涝地块容易发病以外，一般不需要采用农药防治。主要害虫为蛴螬，危害幼苗及根茎，可以采用常规方法进行防治。

1. 虫害

（1）蚜虫　每年发生无翅蚜，雌虫体长2.2毫米，绿色、橙黄色或红褐色；有翅蚜、孤雌蚜体长2.2毫米，头胸部黑色，腹部绿色；卵长椭圆形，有光泽。在种植区每年可发生10余代，以卵在多种植物上越冬，越冬卵春季孵化为干母，相继繁殖干雌和有翅迁移蚜，为害越冬寄主；4~5月开始迁飞到植株上繁殖；10月下旬有性雌蚜迁返越冬寄主，孤雌胎生有性雌蚜，与有性雄蚜交配后产卵越冬。

防治方法　①物理防治：黄板诱杀蚜虫，有翅蚜初发期可用市场上出售的商品黄板；或用60厘米×40厘米长方形纸板或木板等，涂上黄色油漆，再涂一层机油，挂在行间株间，每亩挂30~40块。

②生物防治：前期蚜量少时可以利用瓢虫等天敌进行自然控制。无翅蚜发生初期，用0.3%苦参碱乳剂800~1000倍液，或天然除虫菊素2000倍液等植物源杀虫剂喷雾防治。

③药剂防治：选用高效低毒无残留的药剂进行防治。

（2）蛴螬（金龟子）　一年发生一个世代，以成虫和3龄老熟幼虫进行越冬。越冬后一般以幼虫危害地下部分，咬断细根，在粗根或地下茎上蛀食成瘢痕或孔洞；取食刚播下的种子及幼芽。

防治方法 ①农业防治：入冬前将栽种地块深耕多耙，减少金龟子幼虫的越冬基数，压低虫源基数。

②生物防治：施用乳状菌和卵孢白僵菌等生物制剂，乳状菌每亩用1.5千克菌粉，卵孢白僵菌每平方米用2.0×10^9个孢子。

③物理防治：利用成虫的趋光性，在其盛发期用黑光灯或黑绿单管双光灯（发出一半黑光一半绿光）或黑绿双管灯（同一灯装黑光和绿光两只灯管）诱杀成虫，一般每50亩地安装一台灯。

④药剂防治：选用低毒、无残留、无公害的药剂进行防控。

2. 病害

知母好发根腐病。病害发生主要危害根部，初期在根茎上形成褐色或深褐色病斑，病害逐渐发展造成腐烂，地上部萎蔫，最后导致全株死亡，高温高湿有利于发病，田间积水发病严重。

防治方法 ①农业防治：与禾本科作物实行3~5年轮作，苗期加强中耕，合理追肥、浇水，雨后及时排水；发现病株及时剔除，并携出田外处理。

②药剂防治：如病害发生严重，必要时可选用高效、低毒、无污染、无残留的药剂进行防治。

五、采收加工

1. 采收

采收年限和采收时间不同，知母药材的质量也有所不同。随着栽培年限增加，知母根茎中的有效成分含量发生着变化，育苗移栽后生长一年的知母根茎中的芒果苷含量较高，而菝葜皂苷元的含量随着知母栽培年限的延长而逐渐增高。通常采用种子繁殖的知母需要生长4年后才能收获，用根茎分株繁殖的知母需生长3年后才能收获。过早采收，不仅产量低，而且多数达不到商品药材的外观规格。知母可在秋、春季节采收，秋季宜在10月下旬生长停止后进行，春季宜在3月中旬未发芽之前进行采收。

知母根茎中芒果苷的含量随不同采集月份而变化，呈现一定的规律性，一年中以3月份刚萌芽不久时含量最低（0.12%），4月份含量达到最高（1.26%），此为知母开花期亦为营养期。开花后，芒果苷含量下降，至10月份以后又升到较高水平。如果侧重考虑知母芒果苷的含量，则以4月份和10月份以后采集为佳。移栽2年、直播3年后收获。（图8）

图8　刚采收的知母

2. 加工

　　将根状茎挖出后去掉芦头，洗净泥土，晒干或烘干。一般3～4千克鲜根可加工1千克干货。知母有两种商品规格，东北、西北、华北、华东地区习用去皮知母即"光知母"，西南和中南地区习用带皮知母即"毛知母"。春、秋二季采挖，春季于解冻后、发芽前，秋季于地上茎叶枯黄后，将根状茎刨出后去掉芦头，抖去泥土，去掉须根，

图9　晾晒中的毛知母

晒干或烘干，或将采下的根茎摊开晾晒在阳光充足的晒台上，每周翻倒摔打一次，直至晒干，一般需要60～70天。晒干后去掉须根，即为毛知母（图9）。光知母也叫知母肉，应趁鲜剥去外皮，再晒干或烘干，如果阳光充足，1周左右就可晒干。

六、药典标准

1. 药材性状

本品呈长条状，微弯曲，略扁，偶有分枝，长3～15厘米，直径0.8～1.5厘米，一端有浅黄色的茎叶残痕。表面黄棕色至棕色，上面有一凹沟，具紧密排列的环状节，节上密生黄棕色的残存叶基，由两侧向根茎上方生长；下面隆起而略皱缩，并有凹陷或突起的点状根痕。质硬，易折断，断面黄白色。气微，味微甜、略苦，嚼之带黏性。

2. 鉴别

本品粉末黄白色。黏液细胞类圆形、椭圆形或梭形，直径53～247微米，胞腔内含草酸钙针晶束。草酸钙针晶成束或散在，长26～110微米。

3. 检查

（1）水分　不得过12.0%。

（2）总灰分　不得过9.0%。

（3）酸不溶性灰分　不得过4.0%。

七、仓储运输

1. 包装

包装之前要检验知母质量，符合质量标准的才能包装。打包时要求扣牢扎紧，缝捆严密。知母可采用麻袋、纤维编织袋或瓦楞纸盒包装，具体规格可按购货商要求而定。知母药材的包装规格为15千克/袋，在包装材料上，应注明品名、规格、产地、批号、包装日期、生产单位，并附有质量合格的标志。

2. 贮藏

包装好的产品如不能马上出售，应置于室内干燥的地方贮藏，经常检查，以防吸潮发霉，同时还要注意防止鼠害。贮藏药材应有明显标签。

3. 运输

用于运输的工具或容器应具有较好的通气性，以保持干燥，并应有防潮措施，尽可能地缩短运输时间。同时不应与其他有毒、有害、易串味物质混装。

八、药材规格等级

知母商品中过去以毛知母为常见。均以条扁圆、粗长肥大、质坚柔润、断面色黄白为佳。现行标准如下。

（1）毛知母统货 干货，呈扁圆形，略弯曲，偶有分枝；体表上有一凹沟，具环状节，节上密生黄棕色或棕色毛；下面有须根痕；一端有浅黄色叶痕（俗称金包头），质坚实而柔润。断面黄白色，略显颗粒状。气特异，味微甘、略苦。长6厘米以上，扁宽0.6厘米以上，无杂质、虫蛀、霉变。

（2）知母肉统货 干货。呈扁圆条形，去净外皮。表面黄白色或棕黄色。质坚。断面淡黄白色，颗粒状。气特异。味微甘、略苦。条短不分，扁宽0.5厘米以上。无烂头、杂质、虫蛀、霉变。

九、药用价值

知母性寒，味苦、甘，具清热泻火、生津润燥等功效，用于外感热病、高热烦渴、肺热燥咳、骨蒸潮热、内热消渴、肠燥便秘等症。现代药理研究如下。

1. 抗病原微生物作用

知母在体外对痢疾杆菌、伤寒杆菌、副伤寒杆菌、霍乱弧菌、大肠埃希菌、变形杆菌、铜绿假单胞菌等革兰阴性菌及葡萄球菌、溶血性链球菌、肺炎双球菌、百日咳杆菌等革兰阳性菌均有较强抗菌作用。从知母中提得的一种水溶性皂苷，对结核杆菌，尤其对白色念珠菌有较强的抑制作用，另一种黄酮结晶，亦有抑制结核杆菌作用。

2. 抑制Na^+，K^+-ATP酶活性

体外实验证明，知母皂苷元（菝葜皂苷元）是Na^+，K^+-ATP酶抑制剂，对提纯的兔

肾Na^+，K^+-ATP酶有极明显的抑制作用，其活性同专一性Na^+，K^+-ATP酶抑制剂乌本苷相比，两者在2×10^{-5}摩尔/升时抑制程度相近。

3. 对交感–肾上腺功能的影响

以50%知母水煎剂给大鼠灌胃，每日4毫升，连续3周，可使肾上腺内多巴胺-β-羟化酶活性明显降低，提示儿茶酚胺合成减少，与此同时，肾上腺重量较生理盐水对照组明显减轻，心率逐周降低，至第3周明显低于给药前。进一步研究证明，其机制之一是知母抑制了肝脏对皮质醇的分解代谢。

4. 降血糖作用

以知母200毫克/千克水制浸膏给正常家兔灌胃，血糖可下降达18%～30%，持续6小时以上；以知母每天500毫克/千克生药的水制浸膏给四氧嘧啶糖尿病家兔灌胃，连续4天，也出现明显的降血糖作用，并可减轻胰岛萎缩。给四氧嘧啶糖尿病小鼠腹腔注射知母水浸膏150毫克/千克（生药量）也可见血糖明显下降。知母并可促进大鼠横膈和脂肪组织摄取葡萄糖，并使横膈内糖原含量增加，但肝内糖原量却减少，尿中酮体含量减少。从知母根茎中分离得到的知母聚糖A、B、C、D有降血糖作用，其中知母聚糖B的活性最强。

5. 解热作用

知母根茎中的皂苷具有明显降低由甲状腺素造成的耗氧率增高及抑制Na^+，K^+-ATP酸活性的作用，其中总皂苷对Na^+，K^+-ATP酶的抑制率达59.8%，其半琥珀酸衍生物抑制率为89.8%，故认为与其清热泻火的功效有关。

6. 抗肿瘤作用

知母皂苷对人肝癌移植裸大鼠有抑制肿瘤生长作用，使其生存期延长，但统计无显著差异。另对治疗皮肤鳞癌、宫颈癌等有较好疗效且无副作用。

7. 其他作用

知母果苷有明显的利胆作用和抑制血小板聚集作用。知母中的烟酸有维持皮肤与神经健康及促进消化道功能的作用。知母提取物对逆转录酶和各种脱氧核糖核酸聚合酶活性有抑制作用。知母菝葜皂苷元和知母水煎剂均能明显降低高甲状腺激素状态小鼠脑β受体RT值，但对亲和力无影响，还能显著改善该状态小鼠体重下降的问题。

参考文献

[1]   中国科学院中国植物志编委会. 中国植物志[M]. 北京: 科学出版社, 2004.

[2]   叩根来. 知母生产加工适宜技术[M]. 北京: 中国医药科技出版社, 2018.

[3]   卫云, 丁如辰, 李义林. 药用植物栽培技术[M]. 济南: 山东科学技术出版社, 1985.

[4]   么厉, 程惠珍, 杨智. 中药材规范化种植（养殖）技术指南[M]. 北京: 中国农业出版社, 2006.

[5]   王颖异, 张立军, 郭宝林. 知母药材质量控制进展[J]. 科技导报, 2010, 28（13）: 111–115.

she   gan

射 干

本品为鸢尾科植物射干*Belamcanda chinensis*（L.）DC.的干燥根茎。

一、植物特性

多年生草本。根状茎为不规则的块状，斜伸，黄色或黄褐色；须根多数，带黄色。茎高1～1.5米，实心。叶互生，嵌迭状排列，剑形，长20～60厘米，宽2～4厘米，基部鞘状抱茎，顶端渐尖，无中脉。花序顶生，叉状分枝，每分枝的顶端聚生有数朵花；花梗细，长约1.5厘米；花梗及花序的分枝处均包有膜质的苞片，苞片披针形或卵圆形；花橙红色，散生紫褐色的斑点，直径4～5厘米；花被裂片6，2轮排列，外轮花被裂片倒卵形或长椭圆形，长约2.5厘米，宽约1厘米，顶端钝圆或微凹，基部楔形，内轮较外轮花被裂片略短而狭；雄蕊3，长1.8～2厘米，着生于外花被裂片的基部，花药条形，外向开裂，花丝近圆柱形，基部稍扁而宽；花柱上部稍扁，顶端3裂，裂片边缘略向外卷，有细而短的毛，子房下位，倒卵形，3室，中轴胎座，胚珠多数。蒴果倒卵形或长椭圆形，长2.5～3厘米，直径1.5～2.5厘米，顶端无喙，常残存有凋萎的花被，成熟时室背开裂，果瓣外翻，中央有直立的果轴；种子圆球形，黑紫色，有光泽，直径约5毫米，着生在果轴上。花期6～8月，果期7～9月。（图1）

图1　射干（来源于《新编中国药材学》第四卷）

二、资源分布概况

射干商品主要来源于野生资源，栽培品近年亦成为一种重要来源，射干在全国各地有分布，主要分布于湖北、河南、四川、贵州。各地产品中以湖北所产"汉射干"为佳，其他产地所产较差。野生和栽培品中，仍以野生品为上。20世纪70年代末至80年代末，射干由野生驯化变家种成功，但因当时还有一定的野生资源，故人工种植一直没有得到发展。

三、生长习性

生于林缘或山坡草地，大部分生于海拔较低的地方，但在西南山区，海拔2000～2200米处也可生长。喜温暖和阳光，耐干旱和寒冷，对土壤要求不严，山坡旱地均能栽培，以肥沃疏松、地势较高、排水良好的砂质壤土为宜。中性或微碱性壤土适宜，忌低洼地和盐碱地。

四、栽培技术

1. 种植材料

射干以种子繁殖为主，多采用直播，播种时期因露地和地膜覆盖有所不同。为加快繁殖速度，也可采用根茎繁殖。

（1）种子繁殖　种子繁殖常用的方法有直播和育苗移栽。直播可春播或秋播，春播在3月下旬至4月上旬，秋播于9月下旬至11月上旬。田畦上按行距30～40厘米或在垄的两边开2行5～6厘米的深沟，将种子均匀撒入沟内，覆土2～3厘米，镇压。每亩播种量4～5千克。育苗移栽法是将育苗地施基肥后，整平、做畦。播种期分春、秋两季。春季在3月下旬，将种子撒入畦内，覆土2～3厘米，镇压后盖上稻草。播后要保持苗床湿润，每亩育苗地播种量10千克。出苗后揭去稻草。秋播于土壤结冻前进行，方法同上。另外值得注意的是，种子繁殖时，种子发芽率较低（30%～40%）、发芽不整齐且持续时间较长（40～50天），因此播种前需进行种子层积处理或浸泡处理，但处理后发芽率最高只能达到60%，且生长周期需要四年时间，即使覆膜栽培的生产周期也需要三年。

（2）根茎繁殖　一般在秋季或春季采挖，随挖随栽。按其自然生长状态劈开，每个根状茎需带2～3个芽，须根过长的可剪至10厘米长，栽深10～15厘米，芽向上。行、株距同上，栽后覆土、压实后浇水，保持土壤湿润。一般栽后2年即可收获。但用根状茎繁殖时，分割根茎既费时费力，用种量又大，要浪费很多药材又不能大面积的播种，且长期用根茎进行无性繁殖易感染病毒，导致种群退化、产量下降和品质变坏。

（3）扦插繁殖　剪取花后的地上部分，剪去叶片，切成小段，每段须有2个茎节。待两端切口稍干后插于穴内，穴距与根茎繁殖相同。覆土后浇水，并稍加荫蔽。

2. 选地与整地

（1）选地　选择地形开阔、地势较高、阳光充足、排灌方便、土壤较肥沃的壤土或砂壤土，pH值5.6～7.4，沃土层30厘米以上。

（2）整地　深翻土地20厘米以上，结合整地每亩施入腐熟厩肥或土杂肥500千克、过磷酸钙50千克、氯化钾20千克。3～5天后再深耕细耙1次。做成高20厘米、宽1.2米的畦，畦与畦之间的沟宽40厘米，四周开好排水沟。

3. 播种

春播于3月下旬至4月上旬；秋播于9月下旬至11月上旬，以秋播为佳。在整好的播种地上，按行株距20厘米×15厘米开穴，穴深3厘米左右，每穴播种5～8粒，浇水。播种量3～5千克/亩。

4. 田间管理

（1）中耕除草　3、4、5月各一次。中耕深度10～15厘米，均匀不漏耕，清除杂草。

（2）培土　5月下旬至6月封垄前，结合最后一次中耕进行培土。

（3）追肥　生长期每年的5、6、7、8月上旬。第一次每亩施碳酸氢铵30千克或尿素15千克；第二次每亩施碳酸氢铵25千克，过磷酸钙15千克；第三次每亩施复合肥15千克；第四次每亩施复合肥20千克。用小铲将苗株根际周围的土扒开。施下肥料，覆土封严。

（4）排、灌水　生长期4～9月份，傍晚沟灌灌水，次日早上排水。如遇天气干旱时应早晚灌水，全园灌溉，不漏灌，不积水。土壤湿度超过80%时，应及时清沟排水，防涝。

（5）摘薹打顶　在射干的生长期内，除育苗定植当年的植株外，均于每年7月上旬开花，抽薹开花要消耗大量养分。因此，除留种田外，其余植株抽薹时须及时摘薹，使其养分集中供于根茎生长，以利增产。据试验，摘薹打顶可增产10%左右，除花蕾的仅增产5.6%。此外，在植株封行后，因通风透光不良，其下部叶片很快枯萎，这时就应及时将其除去，以便集中更多养分供根茎生长，提高产量和质量，同时可减轻病菌的侵染。

5. 病虫害防治

农业防治：于早春和晚秋清理种植地射干的残叶枯茎和种植地周围的枯草落叶，集中烧毁，消灭病虫源。早春土壤浅耕、中耕除草、开穴施肥、灌水封闭，杀灭土层中的羽化虫体，降低虫口密度。

化学除草：在以禾本科杂草危害为主的射干田块，可单用乙草胺、都尔、除草通、禾耐斯等作播后苗前土壤处理；在以阔叶杂草危害为主的射干田块，可用草净津、扑草净、赛克津等广谱性除草剂，作播后苗前土壤处理。

合理轮作：在马唐、马齿苋、田旋花等旱田杂草严重发生的农田，可采取水旱轮作的办法，使以上杂草无法生存，一些多年生杂草的地下茎可被淹死。

（1）锈病　8月上旬至9月上旬，发病初期，老叶片或嫩茎上产生微隆起的疱斑，破裂后，散出橙黄色或锈色粉末，这是病菌的夏孢子，后期发芽部位长出黑色粉末状物，这是病菌的冬孢子。发病后叶片干枯脱落，严重的苗株死亡。

防治方法 发病初期喷洒25%粉锈宁1000～1500倍液，或20%萎锈宁200倍液，或65%代森锌500倍液，每周1次，连续2～3次。射干的病毒还有根腐病、叶枯病、射干叶斑病、立枯病等，如有发生，可选用多菌宁等药剂喷洒并采取综合防治措施。

（2）射干钻心虫 4月至8月，幼虫喜食射干嫩叶及叶鞘，寄食在苗株的叶鞘及中、下部叶片上。初期食叶肉，长大后连叶表皮都食。当叶片被食1/3时，叶片就停止生长，一遇干旱，苗株便倒伏枯死。

防治方法 越冬卵孵化盛期喷5%西维因粉剂，每亩用量1.5～2.5千克；幼虫期用50%磷胺乳油2000倍液喷洒，或于根际用90%敌百虫800倍液浇灌。

（3）大青叶蝉 成虫和若虫危害叶片。

防治方法 4月初第1代若虫刚刚孵化时，喷洒40%乐果乳油1000倍液、50%杀螟松乳油1000倍液或90%敌百虫1000倍液防治。

射干的虫害除上述2种外，还有地老虎、蝼蛄等，在防治其他虫害时这些虫害兼而治之。

五、采收加工

1. 采收

根茎繁殖于栽后第二年，种子繁殖则在第三年10月下旬或11月上旬，当射干苗株全部枯死后，先除去茎干，然后挖起地下根茎，除去泥土。

2. 加工

根茎采挖运回后，选取清洁通风，具有防雨、防鼠、防虫等设施，具备药材清洗池及冲洗设施的房间。烘房面积应不小于30平方米，并应配备烘干及初加工设备，洗净泥沙，晒干，搓去须根，再烘至全干。阴雨天气，则置烘房内烘干，搓去须根，再烘至全干，温度不超过70℃，使根茎含水量最终不超过13%。

六、药典标准

1. 药材性状

本品呈不规则结节状，长3～10厘米，直径1～2厘米。表面黄褐色或黑褐色，皱缩，有较密的环纹。上面有数个圆盘状凹陷的茎痕，偶有茎基残存；下面有残留细根及须根。质硬，断面黄色，颗粒性。气微，味苦、微辛。（图2）

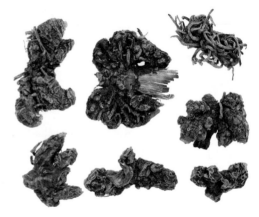

图2　射干药材（来源于《新编中国药材学》第四卷）

2. 鉴别

（1）横切面　表皮有时残存。木栓细胞多列。皮层稀有叶迹维管束；内皮层不明显。中柱维管束为周木型和外韧型，靠外侧排列较紧密。薄壁组织中含有草酸钙柱晶、淀粉粒及油滴。

（2）粉末特征　粉末橙黄色。草酸钙柱晶较多，棱柱形，多已破碎，完整者长49～240（315）微米，直径约至49微米。淀粉粒单粒圆形或椭圆形，直径2～17微米，脐点点状；复粒极少，由2～5分粒组成。薄壁细胞类圆形或椭圆形，壁稍厚或连珠状增厚，有单纹孔。木栓细胞棕色，垂周壁微波状弯曲，有的含棕色物。

3. 检查

（1）水分　不得超过10.0%。
（2）总灰分　不得超过7.0%。

4. 浸出物

浸出物照醇溶性浸出物测定法项下的热浸法测定，用乙醇作溶剂，不得少于18.0%。

七、仓储运输

1. 包装

所使用的包装材料应无污染、清洁、干燥、无破损。在每件药材包装上，应注明品名、规格、产地、批号、包装日期、生产日期、生产单位，并附有质量检验单。

2. 贮藏

产品应贮存在清洁、干燥、通风、阴凉、无异味、无鼠、无虫害的专用仓库中，不得与有毒、有害物品混合贮存。药材应堆放在货架上，货架与墙壁间应有50厘米的距离。贮存期间应定期检查有无霉变、虫蛀、腐烂等现象发生。

3. 运输

运输工具应洁净卫生，无异味。药材批量运输时不得与其他有毒有害物品混运。运输途中应注意防止烈日曝晒、雨淋。

八、药材规格等级

（1）祁射干光统个　产自河北，射干表面无须根或有极少量须根，掉落的须根及杂质重量占比不超过3%。

（2）祁射干毛统个　产自河北，射干表面有部分须根，掉落的须根及杂质重量占比不超过10%。

（3）祁射干选片　产自河北，射干片，切面金黄色，过孔径为0.2厘米的筛，筛去须根及碎末，直径1.6厘米以上片重量占比不低于60%，直径0.4厘米以下片重量占比不超过5%，无须根、0.2厘米以下碎末。

（4）祁射干统片　产自河北，射干片，切面金黄或棕黄色，直径1.6厘米以上片重量占比不低于40%，0.4厘米以下片重量占比不超过10%，须根、0.2厘米以下碎末不超过3%。

九、药用价值

（1）抗微生物作用　1∶10射干煎剂或浸剂，对常见的致病性皮肤癣菌有抑制作用；1∶20浓度对外感及咽喉疾患中的某些病毒有抑制或延缓作用。

（2）消炎作用　鸢尾黄酮苷和鸢尾黄酮，有抗透明质酸酶的作用，而且不为半胱氨酸所阻断，它还能抑制大鼠的透明质酸酶性浮肿而不抑制角叉菜胶性浮肿。对大鼠因腹腔注射氮芥引起的腹水渗出亦有抑制作用。

（3）治喉痹　射干，细锉。每服五钱匕，水一盏半，煎至八分，去滓，入蜜少许，旋服；射干，旋取新者，不拘多少。擂烂取汁吞下，动大腑即解。或用酽醋同研取汁噙，引出涎更妙。

（4）治伤寒热病，喉中闭塞不通　生乌扇一斤（切），猪脂一斤。上二味合煎，药成去滓。取如半鸡子，薄绵裹之，纳喉中，稍稍咽之取瘥。

（5）治咳而上气，喉中水鸡声　射干十三枚（一法三两），麻黄四两，生姜四两，细辛、紫菀、款冬花各三两，五味子半升，大枣七枚，半夏（大者，洗）八枚（一法半升）。上九味，以水一斗二升，先煮麻黄两沸，去上沫，纳诸药，煮取三升。分温三服。

（6）治腮腺炎　射干鲜根三至五钱。酌加水煎，饭后服，日服两次。

（7）治瘰疬结核，因热气结聚者　射干、连翘、夏枯草各等分。为丸。每服二钱，饭后白汤下。

（8）治乳痈初肿　扁竹根（如僵蚕者）同萱草根为末。蜜调服。极有效。

（9）治水蛊腹大，动摇水声，皮肤黑，阴疝肿刺　鬼扇细捣绞汁，服如鸡子，即下水。

（10）二便不通，诸药不效　用射干根（生于水边者为最好），研汁一碗，服下即通。

参考文献

[1] 中国科学院中国植物志编委会. 中国植物志：第61卷[M]. 北京：科学出版社，1983.

[2] 郭巧生. 药用植物栽培学[M]. 北京：高等教育出版社，2006.

[3] 龙兴超，郭宝林. 200种中药材商品电子交易规格等级标准[M]. 北京：中国医药科技出版社，2017.

[4] 薛艳霞. 射干快速繁殖及后代植株性状的初步研究[D]. 南宁：广西大学，2008.

[5] 刘合刚，熊鑫，詹亚华，等. 射干规范化生产标准操作规程（SOP）[J]. 现代中药研究与实践，2011（5）：15-19.

[6] 钟鸣，关旭俊，黄炳生，等. 中药射干现代研究进展[J]. 中药材，2001，24（12）：904-907.

[7] 张明发，沈雅琴. 射干药理研究进展[J]. 中国合理用药探索，2010，7（1）：14-19.

丹参

dan   shen

本品为唇形科植物丹参*Salvia miltiorrhiza* Bge.的干燥根和根茎。

一、植物特征

多年生直立草本；根肥厚，肉质，外面朱红色，内面白色，长5～15厘米，直径4～14毫米，疏生支根。茎直立，高40～80厘米，四棱形，具槽，密被长柔毛，多分枝。叶常为奇数羽状复叶，叶柄长1.3～7.5厘米，密被向下长柔毛，小叶3～5（7），长1.5～8厘米，宽1～4厘米，卵圆形或椭圆状卵圆形或宽披针形，先端锐尖或渐尖，基部圆形或偏斜，边缘具圆齿，草质，两面被疏柔毛，下面较密。轮伞花序6花或多花，下部者疏离，上部者密集，组成长4.5～17.0厘米具长梗的顶生或腋生总状花序；苞片披针形，先端渐尖，基部楔形，全缘，上面无毛，下面略被疏柔毛，比花梗长或短；花梗长3～4毫米，花序轴密被长柔毛或具腺长柔毛。花萼钟形，带紫色，长约1.1厘米，花后稍增大，外面被疏长柔毛及具腺长柔毛，具缘毛，内面中部密被白色长硬毛，具11脉，二唇形，上唇全缘，三角形，长约4毫米，宽约8毫米，先端具3个小尖头，侧脉外缘具狭翅，下唇与上唇近等长，深裂成2齿，齿三角形，先端渐尖。花冠紫蓝色，长2.0～2.7厘米，外被具腺短柔毛，尤以上唇为密，内面离冠筒基部2～3毫米有斜生不完全小疏柔毛毛环，冠筒外伸，比冠檐短，基部宽2毫米，向上渐宽，至喉部宽达8毫米，冠檐二唇形，上唇长12～15毫米，镰刀状，向上竖立，先端微缺，下唇短于上唇，3裂，中裂片长5毫米，宽达10毫米，先端二裂，裂片顶端具不整齐的尖齿，侧裂片短，顶端圆形，宽约3毫米。能育雄蕊2，伸至上唇片，花丝长3.5～4.0毫米，药隔长17～20毫米，中部关节处略被小疏柔毛，上臂伸长，长14～17毫米，下臂短而增粗，药室不育，顶端联合。退化雄蕊线形，长约4毫米。花柱远外伸，长达40毫米，先端不相等2裂，后裂片极短，前裂片线形。花盘前方稍膨大。小坚果黑色，椭圆形，长约3.2厘米，直径1.5毫米。花期4～8月，花后见果。（图1）

图1　丹参（来源于《新编中国药材学》第七卷）

二、资源分布概况

药用丹参资源丰富，主要分布于辽宁、河北、河南、山东、山西、江苏、安徽、浙江、江西、福建、湖北、广东、广西、宁夏、陕西、甘肃、四川、湖南、贵州、云南、甘肃、西藏等省区，生于山坡、草地、林下、溪旁等处，从海拔1000米以下的低山、丘陵和平原地带到海拔2000～3500米高山均有分布。

三、生长习性

丹参分布广，适应性强，生于林缘坡地、沟边草丛、路旁等阳光充足、空气湿度大、较湿润的地方。喜温和气候，较耐寒，一般冬季根可耐受–15℃以上的低温，生长最适温度为20～26℃。空气相对湿度以80%为宜。丹参的根在地温15～17℃时开始萌生不定芽。当5厘米土层地温达到10℃时，丹参开始返青，3～5月为茎叶生长旺季，4月开始长茎秆，4～6月枝叶茂盛，陆续开花结果，7月之后根生长迅速，8月中、下旬丹参根系加速分支、膨大，10月底至11月初平均气温10℃以下，地上部分开始枯萎。

四、栽培技术

1. 种植材料

丹参的繁殖方法较多，包括种子繁殖、分根繁殖、扦插繁殖和芦头繁殖。种子繁殖，用采摘的新鲜种子。分根繁殖，选种要选一年生的健壮无病虫的鲜根作种，侧根为好，随栽随挖。扦插繁殖，剪取生长健壮的茎枝，截成17～20厘米长的插穗，剪除下部的叶片，上部留2～3片叶。芦头繁殖，选无病虫害的健壮植株，剪去地上部的茎叶，留长2～2.5厘米的芦头作种苗。

2. 选地与整地

丹参根系发达，应选择地势向阳，土层深厚疏松，土质肥沃，排水良好的砂质壤土栽种，黏土和盐碱地均不宜生长。忌连作，可与小麦、玉米、洋葱、大蒜、薏苡、蓖麻、夏枯草等作物或非根类中药材轮作，或在果园中套种，不适于与豆科或其他根类药材轮作。前茬作物收割后整地，深翻30厘米以上，翻地同时施足基肥，每亩施农家肥1500～3000千克。耙细整平后，作成宽80～130厘米的高畦，北方雨水较少的地区可开平畦，并开好排水沟系，利于排水。

3. 播种

（1）种子繁殖　可采用育苗移栽或直播。

①育苗移栽：丹参种子于6～7月间成熟后，采摘后即可播种。在整理好的畦上按行距25～30厘米开沟，沟深1～2厘米，将种子均匀地播入沟内，覆土，以盖住种子为宜，播后浇水盖草保湿。用种量7.5千克/公顷，15天左右出苗。当苗高6～10厘米时可间苗，移栽定植于大田。一般种子繁殖的生长期为16个月。

②直播：3月份播种，采取条播或穴播。按行距30～40厘米，株距20～30厘米挖穴，穴内播种量5～10粒，覆土2～3厘米。条播沟深1.0～1.3厘米，覆土0.7～1厘米，播种量7.5千克/公顷。如果遇干旱，播前浇透水再播种，15日左右即可出苗，苗高7厘米时间苗。

（2）分根繁殖　栽种时期一般在3～4月，在准备好的栽植地上按行距30～40厘米，株距20～30厘米开穴，穴深3～5厘米，穴内施入农家肥，每亩1500～2000千克。将选好的根条切成5～7厘米长的根段，大头朝上，直立穴内，不可倒栽，每穴栽1～2段，覆土1.5～2.0厘米，压实，土不宜过多，否则妨碍出苗，每亩需种根50～60千克。栽后60日出苗。

（3）扦插繁殖　南方于4～5月，北方于6～8月。在整好的畦内浇水灌透，按行距20厘米、株距10厘米开沟，将插穗斜插入土1/2～2/3，顺沟培土压实，搭矮棚遮阴，保持土壤湿润。一般20日左右便可生根，成苗率90%以上。待根长3厘米时，便可定植于大田。

（4）芦头繁殖　3月上、中旬，按行株距（30～40）厘米×（25～30）厘米，挖3厘米深的穴，每穴栽1～2株，芦头向上，覆土盖住芦头为度，浇水，40～45日（即4月中下旬）芦头即可生根发芽。

4. 田间管理

（1）中耕除草　3、4月幼苗出土时要进行查苗，如发现盖土太厚或表土板结，应将穴土挖开，以利出苗。丹参生育期内需进行三次中耕除草，苗高10～15厘米时进行第一次中耕除草，中耕要浅，避免伤根。第二次在6月，第三次在7～8月进行，封垄后停止中耕。育苗地应拔草，以免伤苗。

（2）合理施肥　丹参在移栽时作基肥的氮肥不能施用太多，否则将会影响成活，即使成活，苗期也会出现烧苗症状。中期可施用适量的氮肥，以利于茎叶的生长，为后期根系的生长发育提供养分。

（3）排灌　定期查看田间积水，经常疏通排水沟，严防积水成涝，造成烂根。出苗期和幼苗期需水量较大，要经常保持土壤湿润，遇干旱应及时灌水。

（4）摘花薹　除了留种株外，对丹参抽出的花薹应注意及时摘除，以抑制生殖生长，减少养分消耗，促进根部生长发育。

5. 病虫害防治

（1）病害　丹参常见的病害有根腐病、叶斑病、根结线虫病、菌核病等。

①根腐病：发病植株根部发黑腐烂，地上部个别茎枝先枯死，严重时全株死亡。

防治方法　选择地势高的地块种植；雨季及时排出积水；选用健壮无病种苗；轮作；发病初期用50%甲基托布津800～1000倍液浇灌；及时拔除病株并用石灰消毒病穴。

②叶斑病：危害叶片。5月初发生，一直延续到秋末。初期叶片上生有圆形或不规则形深褐色病斑。严重时病斑扩大汇合，致使叶片枯死。

防治方法　发病前喷1∶1∶（120～150）波尔多液，7日喷1次，连喷2～3次。发病初期喷50%多菌灵1000倍液。加强田间管理，实行轮作；冬季清园，烧毁病残株；注意排水，降低田间湿度，减轻发病。

③根结线虫病：由于线虫的寄生，在须根上形成许多瘤状结节，地上部生长瘦弱，

严重影响产量和品质。

防治方法　选地势高，无积水的地方种植；与禾本科作物轮作，不重茬；建立无病留种田。用80%二溴氯丙烷2～3千克加水100千克，在栽种前15日开沟施入土中覆土，防止药液挥发，进行土壤消毒灭菌，拌施辛硫磷粉剂2～3千克/亩对根结线虫有明显的防止效果。

④菌核病：发病植株茎基部、芽头及根茎部等部位逐渐腐烂，变成褐色，并在发病部位附近土面以及茎秆基部的内部，生有黑色鼠粪状的菌核和白色菌丝体，植株枯萎死亡。

防治方法　加强田间管理，及时疏沟排水。实行水旱轮作，淹死菌核。发病初期及时拔除病株并用50%氯硝胺0.5千克加石灰10千克，撒在病株茎基及周围土面，防止蔓延，或用50%速克灵1000倍液浇灌。

（2）虫害　丹参主要虫害有蚜虫、银纹夜蛾、棉铃虫、蛴螬、地老虎等。

①蚜虫：主要危害叶及幼芽。

防治方法　用50%杀螟松1000～2000倍液或40%乐果1500～2000倍液喷雾，7日喷1次，连续2～3次。

②银纹夜蛾：以幼虫咬食叶片，夏秋季发生。咬食叶片成缺刻，严重时可把叶片吃光。

防治方法　冬季清园，烧毁田间枯枝落叶；悬挂黑光灯诱杀成虫；在幼龄期，喷90%敌百虫500～800倍液，7日喷1次；杀灭菊酯2000倍液防治。

③棉铃虫：幼虫危害蕾、花、果，影响种子产量。

防治方法　现蕾期喷洒50%辛硫磷乳油1500倍液或50%西维因600倍液防治。

④蛴螬、地老虎：4～6月份发生，咬食根部。

防治方法　撒毒饵诱杀，在上午10时人工捕捉。或用90%敌百虫1000～1500倍液浇灌根部。

五、采收加工

1. 留种技术

采收种子时应分批多次进行，6月份花序变成褐色并开始枯萎，部分种子呈黑褐色时，即可进行采收。采收时将整个花序剪下，置通风阴凉处晾干后，脱粒，即可进行秋播育苗，供春播用的种子应阴干贮藏，防止受潮发霉。

2. 采收

春栽丹参于当年11月初至11月底地上部枯萎时采挖。丹参根入土较深，根系分布广，质地脆而易断，采挖时先将地上茎叶除去，深挖参根，防止挖断。

3. 加工

采收后的丹参要经过晾晒和烘干。如需条丹参，可将直径0.8厘米以上的根条在母根处切下，顺条理齐，曝晒，不时翻动，7～8成干时，扎成小把，再曝晒至干，装箱即成"条丹参"。如不分粗细，晒干去杂后装入麻袋者称"统丹参"。

六、药典标准

1. 药材性状

本品根茎短粗，顶端有时残留茎基。根数条，长圆柱形，略弯曲，有的分枝并具须状细根，长10～20厘米，直径0.3～1.0厘米。表面棕红色或暗棕红色，粗糙，具纵皱纹。老根外皮疏松，多显紫棕色，常呈鳞片状剥落。质硬而脆，断面疏松，有裂隙或略平整而致密，皮部棕红色，木部灰黄色或紫褐色，导管束黄白色，呈放射状排列。气微，味微苦涩。

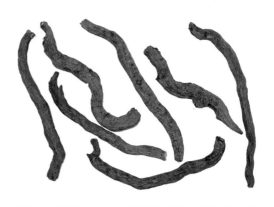

图2　丹参药材（来源于《新编中国药材学》第七卷）

栽培品较粗壮，直径0.5～1.5厘米。表面红棕色，具纵皱纹，外皮紧贴不易剥落。质坚实，断面较平整，略呈角质样。（图2）

2. 鉴别

本品粉末红棕色。石细胞类圆形、类三角形、类长方形或不规则形，也有延长呈纤维状，边缘不平整，直径14～70微米，长可达257微米，孔沟明显，有的胞腔内含黄棕色物。木纤维多为纤维管胞，长梭形，末端斜尖或钝圆，直径12～27微米，具缘纹孔点状，纹孔斜裂缝状或十字形，孔沟稀疏。网纹导管和具缘纹孔导管直径11～60微米。

3. 检查

（1）水分　不得过13.0%。

（2）总灰分　不得过10.0%。

（3）酸不溶性灰分　不得过3.0%。

（4）重金属及有害元素　照铅、镉、砷、汞、铜测定法测定，铅不得过5毫克/千克，镉不得过1毫克/千克，砷不得过2毫克/千克，汞不得过0.2毫克/千克，铜不得过20毫克/千克。

4. 浸出物

（1）水溶性浸出物　照水溶性浸出物测定法项下的冷浸法测定，不得少于35.0%。

（2）醇溶性浸出物　照醇溶性浸出物测定法项下的热浸法测定，用乙醇作溶剂，不得少于15.0%。

七、仓储运输

1. 仓储

仓储药材的仓库应通风、干燥、避光，必要时安装空调及除湿设备，并具有防鼠、虫、禽畜的功能。地面应整洁、无缝隙、易清洁。药材应存放在货架上，与墙壁保持足够距离，防止虫蛀、霉变、腐烂、泛油等现象发生，并定期检查。

2. 运输

药材批量运输时，不应与其他有毒、有害、易串味物质混装。运载容器应具有较好的通气性，以保持干燥，并应有防潮措施。

八、药材规格等级

丹参有两种规格等级划分，第一种是按产地划分，另一种不按产地划分。

1. 按产地划分

（1）四川中江

①中江丹参超特级条1.15以上：挑选，长4.0厘米以上，直径1.15厘米以上的丹参条重量占比不低于95%。

②中江丹参特级条1.0～1.15：挑选，长4.0厘米以上，直径1.0～1.15厘米的丹参条重量占比不低于95%。

③中江丹参一级条0.7～1.0：挑选，长4.0厘米以上，直径0.7～1.0厘米的丹参条重量占比不低于95%。

④中江丹参二级条0.5～0.7：挑选，长4.0厘米以上，直径0.5～0.7厘米的丹参条重量占比不低于95%。

⑤中江丹参三级条0.4～0.5：挑选，长4.0厘米以上，直径0.4～0.5厘米的丹参条重量占比不低于95%。

⑥中江丹参尾节：挑出的直径较小（多在0.4厘米以下）的丹参条或切下丹参的尾部较细部分，0.2厘米以下灰末、毛须重量占比不超过30%。

⑦中江丹参一级段0.7～1.0：选取较粗（多为一级条）的丹参切成长0.5～1.0厘米的段，直径0.7～1.0厘米的段比例不低于70%，无0.2厘米以下的灰末、毛须。

⑧中江丹参二级段0.5～0.7：选取中等粗（多为二级条）的丹参切成长0.5～1.0厘米的段，直径0.5～0.7厘米的段比例不低于70%，无0.2厘米以下的灰末、毛须。

⑨中江丹参三级段0.4～0.5：选取较细（多为三级条）的丹参切成长0.5～1.0厘米的段，直径0.4～0.5厘米的段比例不低于70%，0.2厘米以下的灰末、毛须占比不超过0.5%。

（2）山西、山东

①山西丹参选货：挑选，直径1.0厘米以上的丹参重量占比不低于95%。

②山西丹参统货：不挑选，直径1.0厘米以上的丹参条重量占比不低于30%。

③山东丹参选货：挑选，直径1.0厘米以上的丹参重量占比不低于90%。

④山东丹参统货：不挑选，直径1.0厘米以上的丹参条重量占比不低于20%。

⑤山西山东丹参薄片大统片0.6：选取较粗（直径多在0.6厘米以上）的丹参切成厚0.2～0.3厘米的圆片，直径0.6厘米以上的片比例不低于80%，无0.2厘米以下灰末、毛须。

⑥山西山东丹参薄片大统片0.4：选取较粗（直径多在0.4厘米以上）的丹参切成厚0.2～0.3厘米的圆片，直径0.4厘米以上的片比例不低于80%，无0.2厘米以下灰末、毛须。

⑦山西山东丹参薄片大统片0.4以下：丹参切片后筛选出的直径多在0.4厘米以下的片

或段，无0.2厘米以下灰末、毛须。

⑧山西山东丹参斜片统片：选取较粗的丹参切成长3.0～5.0厘米，宽0.2厘米以上的斜片，无0.2厘米以下灰末、毛须。

（3）其他地区　产于安徽、河南、河北等地。

①丹参选货：挑选，直径1.0厘米以上的丹参条重量占比不低于90%。

②丹参统货：不挑选，直径1.0厘米以上的丹参条重量占比不低于30%。

2. 不按产地划分

①丹参薄片大统片0.6：选取较粗（直径多在0.6厘米以上）的丹参切成0.2～0.3厘米的圆片，直径0.6厘米以上的片比例不低于80%，无0.2厘米以下灰末、毛须。

②丹参薄片中统片0.4：选取中等粗（直径多在0.4厘米以上）的丹参切成0.2～0.3厘米的圆片，直径0.4厘米以上的片比例不低于80%，无0.2厘米以下灰末、毛须。

③丹参薄片小统片0.4以下：丹参切片后筛选出的直径多在0.4厘米以下的片或段，0.2厘米以下灰末、毛须重量占比不超过1%。

④丹参段0.6：选取较粗的丹参（直径多在0.6厘米以上）切成长0.5～1.0厘米大小均匀的段，直径0.6厘米以上的段比例不低于80%，0.2厘米以下灰末、毛须重量占比不超过1%。

⑤丹参大统段0.6：选取较粗（直径多在0.6厘米以上）的丹参切成长0.5～2.0厘米的段，直径0.6厘米以上的段比例不低于80%，0.2厘米以下灰末、毛须重量占比不超过1%。

⑥丹参中统段0.4：选取较粗（直径多在0.4厘米以上）的丹参切成长0.5～2.0厘米的段，直径0.4厘米以上的段比例不低于80%，0.2厘米以下灰末、毛须重量占比不超过1%。

⑦丹参小统段0.4以下：丹参切段后筛选出的直径多在0.4厘米以下的段，0.2厘米以下灰末、毛须重量占比不超过1%。

九、药用食用价值

1. 临床常用

（1）治疗肾功能衰竭　丹参能扩张肾血管，纠正高凝状态，改善微循环，增加肾血流量，提高肾小球滤过率，从而改善肾功能。

（2）治疗冠心病、心绞痛　通过对480例冠心病、心绞痛患者分别应用注射用丹参多酚酸盐200毫升、400毫升和丹参注射液20毫升静脉滴注。试验结果表明，注射用丹参多酚酸盐临床推荐剂量组（200毫升）疗效确切；除个别受试者输液中因静脉滴注速度快致轻度头胀痛外，其余均未出现明显不良反应。说明注射用丹参多酚酸盐200毫升剂量组治疗冠心病、心绞痛（心血瘀阻证）安全，疗效明显。

（3）治疗妊娠高血压　对86例妊高症孕妇用复方丹参注射液6～10毫升，加入10%葡萄糖注射液500毫升中滴注，疗程为一周，治疗期间不用其他附加治疗。试验结果表明：治疗后轻、中、重度妊高症平均动脉压显著下降，中、重度妊高症患者尿蛋白含量也显著下降，眼底水肿明显好转，尤其是水肿多的患者用药后1～2日内均能消退，表明丹参治疗妊高症疗效显著，可作为治疗妊高症的常规药物之一。

（4）保肝作用　对肝硬化患者用支持疗法作一般处理，治疗组加用复方丹参注射液静脉滴注，同时，检测血清前白蛋白（PA）、白蛋白（ALB）、丙氨酸氨基转移酶（ALT）水平，结果通过治疗后PA、ALB、ALT水平显著改善，与对照组相比有显著差异（$P < 0.05$）。因此，丹参能明显改善肝微循环，提高肝硬化患者的肝功能。

（5）辅助治疗恶性肿瘤　对102例确诊的恶性肿瘤患者进行研究，将其随机分为2组，治疗组于化疗同时给予丹参注射液250毫升静脉滴注，对照组单用化疗。研究结果显示，丹参注射液联合化疗具有协同作用，能提高肿瘤细胞对化疗的敏感性；同时可提高正常组织对化疗药物的耐受性，对骨髓、消化道、心脏等重要器官有一定保护作用，能减轻化疗毒副反应，改善患者生活质量，有良好的增效减毒作用。

2. 食疗及保健

（1）保健茶饮　①田七丹参茶：三七100克，丹参15克，水煎取汁，加白糖分5次饮用，具有活血化瘀、降低血脂、增加冠脉血流作用，用于冠心病心绞痛。②丹参饮：丹参15克，檀香、砂仁各5克，以水先煎丹参，后下檀香、砂仁煎沸饮用，可活血化瘀、行气止痛，亦用于冠心病心绞痛。③丹参玉楂饮：丹参、玉竹、山楂各15克，煎水饮用，用于预防冠心病、动脉粥样硬化和高血脂。

（2）药膳　中医药膳是指包含传统中药成分，具有养生、防病、治病等作用的特殊膳食。使用丹参药材的药膳有：①米枣丹参粥：丹参20克，糯米50克，红枣3枚，红糖适量，先用清水煮丹参取汁，加米、枣同煮成粥，加红糖，每日早晚食用，可乌发、护发。②丹参陈皮膏：丹参100克，陈皮30克加水煎煮，去渣取汁，加蜂蜜100克煮成膏状，每次20克饮用，每日2次，可活血化瘀，预防脂肪肝。③化瘀丹参蜜：丹参150克，郁金、茵陈50克，鸡内金100克加水煎煮，去渣取汁，加蜂蜜500克，调匀，每次服用50克，每日2次，可疏肝利胆、活血通络，适用于慢性胆囊炎患者。

（3）中药足浴　①丹参红花足浴汤：由丹参5克，红花5克，党参、黄精、玉竹、川芎、生地黄、黄芪、赤芍各1克组成，开水浸泡，等水温降至50℃时浸泡双足，每日1次，可减轻冠心病患者胸闷阵痛，气短神疲。②金丹黄足浴汤：由丹参、金银花、黄柏、苦参和川芎组成，每味各2克，温水泡足可减轻糖尿病早期下肢和足底疼痛。丹参、山药各50克，远志、五味子各5克，煎煮30分钟，取汁加温水泡足40分钟可缓解老年痴呆。

（4）药酒　①丹红酒：丹参60克，红花、玫瑰各15克，白酒500毫升浸泡，每次饮用50毫升，可用于预防或减轻痛经、月经不调、心绞痛等症状。②复方丹参酒：丹参30克，三棱18克，川牛膝15克，白酒1000毫升浸泡，饭前空腹饮用10毫升，可活血化瘀，减轻静脉曲张的疼痛。③灵芝丹参酒：由灵芝30克，丹参、三七各10克，白酒1000毫升浸泡而成，每日饮用20毫升，可活血止痛，减轻冠心病症状。④丹参去痛酒：丹参、延胡索各30克，牛膝、红花、郁金各15克，白酒250毫升浸泡，每日饮用10毫升，可活血散瘀、行气止痛。⑤用丹参、红花各20克，熟附子15克，土鳖虫、川芎各10克，细辛5克，用白酒1000毫升浸泡饮用，可减轻由血栓闭塞性脉管炎引起的肢体疼痛、行走障碍。

参考文献

[1] 中国科学院中国植物志编委会. 中国植物志：第66卷[M]. 北京：科学出版社，1997.

[2] 刘文婷. 丹参的生物学特性研究[D]. 杨凌：西北农林科技大学，2004.

[3] 赵宝林，钱枫，刘学医. 药用丹参资源分布与开发利用[J]. 现代中药研究与实践，2009，23（2）：17−19.

[4] 郭巧生. 药用植物栽培学[M]. 北京：高等教育出版社，2006.

[5] 付彬，李志红，王小妮. 丹参常见病虫害防治研究[J]. 河南大学学报（医学版），2008，27（4）：56−58.

[6] 龙兴超，郭宝林. 200种中药材商品电子交易规格等级标准[M]. 北京：中国医药科技出版社，2017.

[7] 杨凡. 丹参的药用价值探讨[J]. 中国中医药咨讯，2011，3（19）：55.

[8] 肖志华. 丹参的临床应用[J]. 中外医学研究，2012，10（36）：154−155.

[9] 苗阳，高铸烨，徐凤芹，等. 丹参多酚酸盐治疗冠心病心绞痛（心血瘀阻证）的临床研究[J]. 中药新药与临床药理，2006，17（2）：140−144.

[10] 姜卫卫，徐颖，李昊. 丹参的中药保健功效及开发使用[J]. 海峡药学，2014，26（2）：40−41.

花椒

本品为芸香科植物青椒*Zanthoxylum schinifolium* Sieb. et Zucc.或花椒*Zanthoxylum bungeanum* Maxim.的干燥成熟果皮。

一、植物特征

落叶灌木或小乔木,株高3～5米。树干黑棕色,上有许多瘤状突起,枝具宽扁而尖锐皮刺。羽状复叶,互生,小叶5～9枚,卵形至卵状椭圆形,细锯齿,齿缝处有透明油点,表面无刺毛,背面中脉两侧常簇生褐色长柔毛,叶柄具窄翅。聚伞状花序顶生,花单性或杂性同株,花被片4～8枚,子房无柄。蓇葖果,果皮有疣状突起腺体,成熟时红色或紫红色,种子1～2粒,黑色有光泽。(图1)

图1　花椒

二、资源分布概况

花椒原野生于秦岭及泰山海拔1000米以下地区（图2）。除东北和内蒙古等少数地区以外，广泛栽培。以陕西、河北、四川、河南、山东、山西、甘肃等地较多。

陕西的韩城市是陕西重要的花椒产区，也是全国最大的花椒基地，陕西凤县的"凤椒"备受广大消费者的青睐，在全国市场上久负盛名。除此外，四川的汉源、茂县、汶川，甘肃的武都、天水，河北的涉县、平山，河南的林县、安阳，山东的沂源、沂水、沂南，山西的平顺等地已成为我国重要的花椒商品生产基地。

图2　花椒生境

三、生长习性

花椒喜温暖气候，不耐严寒，1年生的幼苗在-18℃时，枝条即受冻害。多年生的植株在-25℃低温时也会冻死。较耐干旱，一般在年降雨量400～700毫米的平原地区或丘陵山地栽培。喜光性较强，在荫蔽环境下生长细弱，结实率低。对土壤适应性较强，喜土层深厚肥沃，尤喜湿润砂质壤土和山地钙质土，黏重土壤生长不良。

四、栽培技术

1. 种植材料

生产以种子繁殖为主，选择生长健壮、结实多、丰产稳产、品质优良、无病虫害的中年树作采种母株。无性繁殖选结果早、抗逆性强的作为母株。

2. 选地与整地

（1）选地　选择光照充足、平坦宽阔、土层深厚、土壤结构疏松、排水良好、中性或酸性的砂壤土。山区选20°坡度以下的缓坡。如果要在坡度较大的地方应选择温暖向阳的东南坡。

（2）整地　平地每亩施4000～5000千克厩肥或堆肥作基肥。深翻25～30厘米，耕平耙细；或挖沟宽1～1.2米，深50厘米的栽植带，生土和熟土分开，然后将基肥和土混合均匀填入沟内，再回填至地面。

山地在平缓的山坡上要人工创造优越栽植条件，先按等高线整成外高内低的反坡梯田，外边修一道地埂，以蓄水保土。田面的宽度根据山地的坡度而定，坡度大则田面窄，坡度小则田面宽。一般为2～10米。台阶的宽度则正好相反，坡度大则台阶宽，坡度小则台阶窄。台阶的宽度，一般为1.5～2.5米。每穴施入20～30千克的厩肥，并与土拌匀。

3. 播种

（1）无性繁殖　春季栽植，早春土壤解冻后至发芽前均可栽植，宜早不宜迟，随挖随栽。平地株行距一般为3米×4米；沟坡地株行距应因地制宜，按2.5米×（3.5～4）米；梯田花椒树株距一般为3～3.5米。栽植点可挖成长宽各60厘米，深80厘米的大坑。秋季栽植，在土壤封冻以前20多天栽植，栽后截干，并修土丘，防寒越冬，次年树木发芽时刨去土丘。雨季栽植，雨后要有2～3日连阴雨天。

（2）有性繁殖　在较寒冷的地方，以春播为好。春播一般在早春土壤解冻后，"春分"前后为宜，当地表以下10厘米处地温达到8～10℃时为适宜播种期。春播种子需在40℃水中浸泡12小时后捞出，盖严放温暖处，以后每晚用温水淘洗，待少数种皮裂开露白后即可播种。也可沙藏、牛粪拌种处理，经过沙藏处理的种子，一般在3月中旬至4月上旬播种。深翻20～30厘米，畦宽1～1.2米，长5～10米，埂宽30～40厘米，做畦时要留出步行道和灌水沟。地势低洼、土质偏黏，但灌水条件好的地方，亦可采用高畦育苗，高床应高于步道15～20厘米。条播：按行距20～25厘米，株距10厘米左右，开沟深度2～5厘米，覆土2～3厘米，一般每亩10～15千克。苗行方向以南北向为好。撒播：将种子均匀撒入圃地后耕作粗磨，一般每亩20～30千克。

秋播宜在种子采收后到土壤结冻前进行，一般在10月上中旬。秋播种子需进行处理，每1千克配比25克面碱，加水至淹没种子，浸泡2日，反复揉搓，脱去油脂，倒去碱水，然后用清水淘洗2～3次。

4. 田间管理

（1）中耕除草　定植当年要及时松土、除草2～3次，松土除草深度为20～30厘米。以后每年在春季、生长中期及花椒采收后各除草一次。

（2）修剪　以冬季修剪为主、夏季修剪为辅，冬季修剪时间从上年落叶到下年发芽的整个休眠期；冬季比较寒冷地区，在早春土壤解冻后到花椒发芽前进行。

（3）追肥　每年追肥应于萌芽前和开花后结合灌水施入。萌芽前每株追肥0.3～0.5千克尿素和0.5～1.0千克的磷酸二铵，或0.6千克尿素和1.5千克过磷酸钙。开花后每株追肥0.5～1.0千克尿素或硝铵。对于幼树，应在萌芽前和5月份结合灌水每株每次追施尿素约100克。6～7月叶面喷施0.5%的尿素液2～3次或1500倍的稀土微肥液。9～10月叶面喷施浓度0.3%的磷酸二氢钾，每隔10～15日喷一次，连续喷3次。

（4）排灌水　花椒在萌芽前、坐果后和落叶后3个时期是需水关键期，应视情况及时补灌水，灌水量以渗透浸湿40厘米土层为宜。定期检查沟和厢面，清除沟中积土，保持厢面平整，大雨后及时疏沟排水。

5. 病虫害防治

（1）花椒锈病　在发病区，晚秋要及时收集病落叶烧掉，以减少越冬菌源。适当剪枝，改善植株通风透光条件。在6～8月份用15%粉锈宁1000～1500倍液，喷2次防治效果较好；波尔多液（1∶2∶200）残留期长，喷2次防治效果；喷0.2～0.3波美度石硫合剂2～3次，均可控制花椒锈病的发生和危害。

（2）花椒枝枯病　加强椒园栽培管理，增强树势。结合夏季管理，剪除病枝，集中烧毁。对不能剪除的大枝或树干，可在刮除病斑后用10%硫酸铜液或10%的抗菌剂"401"液，进行伤口消毒。如椒园发病较重，早春可喷0.8∶0.8∶100倍波尔多液，或喷50%退菌特可湿性粉剂500～800倍液进行防治。

（3）虫害　对花椒危害较重的有蚜虫、红蜘蛛等。一般虫害从5月上旬开始发生，应及时喷洒50%灭蚜净乳剂4000倍液或40%乐果乳剂1500倍液，或50%马拉松乳剂1000倍液，或三氯杀螨醇1200倍液，每隔10日左右喷1次，连续喷3次，可起到很好的防治效果。药剂应交替喷布，不能连续使用一种药剂，以防止害虫产生抗药性，降低防治效果。

五、采收加工

1. 采收

（1）采摘时间　每年9～10月成熟，因品种成熟期的差异，采收时间可达1个月左右，采摘应选择天气晴朗时进行。

（2）采收方法　从果穗总柄处整穗摘下或剪下。

2. 加工

采用晾晒或加热（50～60℃）干燥进行干制。

六、药典标准

1. 药材性状

（1）青椒　多为2～3个上部离生的小蓇葖果，集生于小果梗上，蓇葖果球形，沿腹缝线开裂，直径3～4毫米。外表面灰绿色或暗绿色，散有多数油点和细密的网状隆起皱纹；内表面类白色，光滑。内果皮常由基部与外果皮分离。残存种子呈卵形，长3～4毫米，直径2～3毫米，表面黑色，有光泽。气香，味微甜而辛。

（2）花椒　蓇葖果多单生，直径4～5毫米。外表面紫红色或棕红色，散有多数疣状突起的油点，直径0.5～1毫米，对光观察半透明；内表面淡黄色。香气浓，味麻辣而持久。

2. 鉴别

（1）青椒　粉末暗棕色。外果皮表皮细胞表面观类多角形，垂周壁平直，外平周壁具细密的角质纹理，细胞内含橙皮苷结晶。内果皮细胞多呈长条形或类长方形，壁增厚，孔沟明显，镶嵌排列或上下交错排列。草酸钙簇晶偶见，直径15～28微米。

（2）花椒　粉末黄棕色。外果皮表皮细胞垂周壁连珠状增厚。草酸钙簇晶较多见，直径10～40微米。

3. 挥发油

挥发油不得少于1.5%（毫升/克）。

七、仓储运输

1. 仓储

常温贮存，库房通风、防潮，垛高不超过3米，严禁与有毒、有害、有异味的物品混放。

2. 运输

运输途中应防止日晒雨淋，严禁与有毒、有害、有异味的物品混运；严禁使用受污染的运输工具装载。

八、药材规格等级

（1）一级　干货。精油≥3.0毫升/100克；不挥发性乙醚提取物（质量分数）≥7.5%；水分（质量分数）≤9.5%；总灰分（质量分数）≤5.5%；杂质（质量分数）≤5.0%；外加物不得检出。

（2）二级　干货。精油≥2.5毫升/100克；不挥发性乙醚提取物（质量分数）≥6.5%；水分（质量分数）≤10.5%；总灰分（质量分数）≤5.5%；杂质（质量分数）≤5.0%；外加物不得检出。

九、药用食用价值

1. 临床常用

（1）中寒腹痛，寒湿吐泻　本品辛散温燥，入脾胃经，长于温中燥湿、散寒止痛、止呕止泻。常与生姜、白豆蔻等同用，治疗外寒内侵，胃寒腹痛、呕吐等症；与干姜、人参等配伍，治疗脾胃虚寒、脘腹冷痛、呕吐、不思饮食等；与肉豆蔻同用，可治夏伤湿冷、泄泻不止。

（2）虫积腹痛，湿疹，阴痒　本品有驱蛔杀虫之功。常与乌梅、干姜、黄柏等同用，治疗虫积腹痛，手足厥逆，烦闷吐蛔等；单用煎液作保留灌肠，治小儿蛲虫病，肛周瘙痒；若与吴茱萸、蛇床子、藜芦、陈茶、烧盐同用，水煎熏洗，治妇人阴痒不可忍，非以热汤泡洗不能已者；单用或与苦参、蛇床子、地肤子、黄柏等，煎汤外洗，治湿疹瘙痒。

2. 食疗及保健

花椒味麻，气香，可增香味，去异味，为历史悠久、应用广泛的调味品。其食疗代表有：①花椒粥：花椒3克，粳米100克，葱末、姜末、盐、香油各适量；做法：将粳米淘洗干净，放入锅中，加适量水，熬煮成粥，盛入碗中，花椒焙干压碎，撒在粥上，放入所有调料，拌匀食用；功能：有温中散寒、除湿止痛、杀虫解毒的功效。②花椒鸡丁：鸡胸肉250克，花椒10克，鸡蛋清一个，淀粉、葱段、姜片各10克，料酒、酱油、白糖、盐、香油各适量；做法：切成丁，用料酒、鸡蛋清和淀粉抓匀、上浆，锅中倒油烧热，下葱段、姜，放入鸡丁炒至变白色，倒入花椒，炒出椒香，放入酱油、白糖、盐调味，淋上香油炒匀即可出锅；功能：温中散寒、补益脾胃、强身壮体。

参考文献

[1] 中国科学院中国植物志编委会. 中国植物志：第43卷[M]. 北京：科学出版社，1997.

[2] 高学敏. 中药学[M]. 北京：中国中医药出版社，2002：529−530.

[3] 查亚锦. 香料、色素、观赏类中药材种植技术[M]. 北京：中国林业出版社，2001：54−57.

[4] 鱼瀛鳌. 一味药养脾胃[M]. 北京：中国中医药出版社，2017：118−122.

[5] 王有科. 花椒栽培技术[M]. 北京：金盾出版社，1999：78−99.

ku shen

苦参

本品为豆科植物苦参*Sophora flavescens* Ait.的干燥根。

一、植物特征

多年生落叶亚灌木或草本，植株高1米左右。茎具纹棱，幼时疏被柔毛，后无毛。羽状复叶；托叶披针状线形；小叶6～12对，互生或近对生。总状花序顶生，长15～25厘米；花冠比花萼长1倍，白色或淡黄白色；子房近无柄，被淡黄白色柔毛，花柱稍弯曲，胚珠多数。荚果长5～10厘米，种子间稍缢缩，呈不明显串珠状，稍四棱形，疏被短柔毛或近无毛，成熟后开裂成4瓣，有种子1～5粒；种子长卵形，稍压扁，深红褐色或紫褐色。花期6～8月，果期7～10月。（图1）

图1　苦参

二、资源分布概况

苦参自然分布于我国北纬37°～50°，东经75°～134°的范围内，吕梁山片区也广泛分布。主产山西、陕西、山东、四川、内蒙古、吉林、甘肃等地。

三、生长习性

苦参适宜生长于海拔1500米左右的山坡、沙地草坡灌木林中或田野附近。苦参对环境条件适应性强，喜砂耐黏、喜肥耐脊、喜湿耐旱、喜光耐阴、喜凉耐寒，具有较强的抗逆性。

苦参为多年生植物，第一年营养生长，第二年起营养生长与生殖生长并存。生育时期可分为萌芽期、幼苗期、营养生长休眠期、开花期、结果期与种子休眠期。

四、栽培技术

（一）选地与整地

1. 选地

苦参为深根系植物，抗性较强，对生长环境要求不严，人工栽培时宜选择土层深厚、排水良好、肥沃疏松、阳光充足的砂质壤土或腐殖质壤土。前茬作物可选择玉米、小麦、马铃薯或其他药材，不宜选择长期使用农药和化肥、农药残留较为严重的地块。

2. 整地

冬前深耕结合施入充分腐熟的农家肥料，每亩耕地施腐熟农家肥1500～2500千克，深翻20～30厘米，打破犁底层；耙碎土块，整平。

（二）繁殖方法

以种子有性繁殖方式为主，常用大田直播与育苗移栽两种方式。

1. 种子选择与处理

苦参种子应选择发育成熟、无病虫害的合格种子。（图2）

苦参种子硬实率高，在自然条件下发芽率较低。其表面有疏水性的角质层，能阻止水分进入种子。在种脐区域有两层栅栏细胞，成为种子的不透水层。苦参种子必须处理后才可播种，否则出苗极不整齐。

常用的打破种皮障碍导致种子休眠的方法有三种。①机械破损种皮法：将苦参种子用细砂纸磋磨，至表面失去光泽，有划痕为止，或用碾米机破损种子；②98%浓硫酸处理：将捡选好的种子用98%浓硫酸浸泡30分钟后，用水反复冲洗，阴干待用；③温水浸泡法：用60℃温水恒温浸泡6小时。

a   b 1μm

图2　苦参种子
a. 背面　b. 腹面

2. 大田直播

苦参大田直播，可以采用条播和穴播的方式。

条播可采用耧播，按行距40～50厘米进行播种，每亩播种量为1.5～2.0千克。

穴播时先将地面反复耧耙，按行距40～50厘米划行、株距20～25厘米刨穴，穴深3～5厘米，每穴播种4～5粒种子，覆平，稍镇压。

条播和穴播便于中耕除草、追肥等田间管理。大田直播时旱地或墒情较差的地块播种后要进行镇压以保墒，12日左右即可出苗。

3. 育苗移栽

苦参育苗移栽可以利用设施延长生育期，提高土地利用效率、确保苗壮苗齐。常见生产方式有大棚育苗与露地育苗。

（1）大棚育苗　大棚育苗常用护根育苗法，首先用纸质营养钵装高为8～10厘米、直径为4～5厘米的营养土，各营养钵紧靠整齐排放，浇透水，每个营养钵播种子2粒，覆土1～2厘米。大棚育苗时间为冬末育苗，春末移栽。

（2）露地育苗　育苗床按宽100厘米作高畦，畦长不等。落水下种，按4厘米×4厘米点播，每穴点2粒经处理后的种子，覆盖细土1.5～2厘米，覆盖地膜保温保湿，60%以上幼苗透土后揭去覆盖物。露地育苗时间为晚春育苗，秋末移栽。

（3）移栽　大棚育苗的移栽较为简单，将幼苗连同纸质营养钵一起移入大田，有水利条件的地方应及时浇水。

露地苗地上茎叶枯黄后起苗移栽，移栽时间以土地封冻前半个月为好，露地育苗苗床起苗时要边起苗边放入容器中，放一层苗，压一层湿土，保持种苗潮湿不风干，地上茎叶不受损，缩短移栽缓苗期。最好随起随栽。每株必须有芽2～3个。在整好的畦面上开沟条栽，沟深可根据幼苗长度情况而定，行距40～50厘米，株距20～25厘米，将苦参苗放入沟内，芽头向上。栽后施入干肥粪或火土灰，覆土并踏实，芦头上方覆盖细土2～3厘米。

（三）田间管理

1. 间苗与补苗

直播田，种子发芽出苗后，当苗高6～8厘米时按株距8～10厘米间苗，苗高15厘米时按株距20～25厘米定苗，每穴留壮苗1～2株。如遇害缺苗，于阴雨天带土移栽。定苗后田间的适宜留苗密度为7000株左右。

2. 中耕除草与培土

第一年苗期结合间苗与定苗进行中耕除草和培土，保持田间无杂草，土壤疏松。其后每年要中耕除草2～3次，防止草荒影响苦参的生长。苦参苗返青后进行第一次中耕除草，疏松表土，铲除杂草。第二次除草于6月中下旬进行，要求深锄，达到除草纳墒的效果。以后视田间杂草生长情况清除行间杂草，减少来年杂草繁殖。10月下旬苦参地上茎秆干枯，应及时铲除地上茎秆，清除杂草，并中耕培土。

3. 灌溉与排水

苦参耐旱性较强，常在旱地栽培。播种当年晚春如遇干热风时，具备灌溉条件的土地应及时进行浇灌，以保证苦参幼苗正常生长。每年7～9月为苦参生长旺盛期，需要水分较多，该时期往往为雨热同期，利于苦参生长，若遇干旱，需要在早晨或傍晚灌水抗旱，以保持土壤湿润。在收获年份，10月以后一般不再灌水，保持田间干燥，利于收获。

苦参耐湿但忌涝，避免田间积水，雨季应及时排水，防止根系缺氧死亡。

4. 施肥

播种前结合土地耕翻每亩施有机农肥1500～2500千克。播种当年6月中下旬定苗后，每亩开沟追施饼肥50千克、过磷酸钙50千克和适量的有机氮肥。秋季植株枯萎之后将枯枝清理干净，加盖10厘米腐熟的畜粪，可以保护越冬芽，并对第二年的生长起到追肥的作用。播种后第二年5月份，此时苦参生长处于茂盛时期，要补充充足的养分，中耕除草后每亩追施复合肥15～20千克。

5. 摘花打顶

苦参第二年进入生殖生长期，开花结实将消耗大量营养物质（图3），若不以种子为收获对象，应及时摘花打顶。在第二、三年的田间管理工作中，除留种田外，应在6月份进行打顶处理，及时打除花序，减少生殖生长养分消耗，促进养分向根部积累，使养分集中于地下，促进根部生长，有利于增产。

6. 割茎处理

苦参干物质积累后期（10月上旬），叶片枯黄但茎秆未干枯前及时割除茎秆有利于生物碱的形成转化，可有效地稳定产量，减缓生物碱降低。

（四）病虫害防治

1. 病害

（1）白粉病　为真菌引起的病害，主要危害苦参叶片，开始出现极小的白色稀疏粉状物，随着病害的发展，粉状霉层不断加厚，病斑面积不断扩大，通常占据叶片面积的20%～25%。7月中下旬开始发病，9月中旬达高峰期。

图3　苦参结荚

防治方法　发病初期用25%粉锈宁可湿性粉剂800倍液、70%甲基托布津可湿性粉剂800倍液或50%多菌灵乳油600～800倍液喷雾防治。

（2）叶斑病　危害苦参叶片，发病初期叶片出现褐色小点，后病斑扩大、变白，病斑呈圆形，直径3～8毫米。病斑上出现黑色小颗粒，颗粒埋于叶片皮层之下，颗粒物排列成同心轮纹。发病叶片在病斑以上逐渐变黄，提早脱落。常于7月发病。

防治方法　实行轮作；种子、种苗用50%多菌灵或65%代森锌600～1000倍液消毒；发病初期用100倍波尔多液喷洒叶片，每7～10天1次，连喷2～3次。

（3）根腐病　引起根腐病的病原菌种类多达10多种，其中危害严重的有尖孢镰刀菌、禾谷镰刀菌、茄腐镰刀菌、燕麦镰刀菌、立枯丝核菌、终极腐霉菌、褐秆病菌等。主要危害苦参根部，发病初期由须根、支根变褐腐烂，逐渐向主根蔓延，最后导致全根腐烂，直至地上茎叶自下向上枯萎，全株枯死。一般多在3月下旬～4月上旬发病，5月进入发病盛期。

防治方法　实行轮作；选择排水良好的地块种植；播前翻晒土壤；发病初期可用5%石灰石浇根，用或1%硫酸亚铁在病穴消毒。

（4）白绢病　常发生于近地面的根处或茎基部，出现一层白色绢丝状物，严重时腐烂成乱麻状，最终导致叶片枯萎、全株死亡。6月上旬～8月中旬的雨季或土壤受渍时易发生。

防治方法　与禾本科植物轮作，轮作期在4年以上；整地时每亩用1千克五氯硝基苯翻入土壤中；用50%退菌特1000倍液浸种秧后栽植；在菌核形成前拔除病株并挖出病土，在病穴撒施石灰粉，加入新土。

（5）立枯病　立枯病在苗期发生，幼苗和幼株主根及近地面茎基部出现红褐色稍凹陷的病斑，后变赤褐色。病部皮层开裂呈溃疡状，病菌的菌丝最初无色，以后逐渐变为褐色，病株矮小，生育迟缓。病害严重时，病部缢缩，植株倒折枯死。

防治方法　实行轮作；种植密度要合理；发病初期可用退菌特可湿性粉剂1000倍液喷洒，或用上述农药拌细土撒于茎基部，每10日撒1次。

（6）寄生线虫　根结线虫寄生于苦参根部，根部出现瘤状物，致使植株生长缓慢、叶片发黄，最后全株枯死。土温25～30℃，土壤湿度为40%～70%条件下线虫繁殖很快，易在土壤中大量积累，10℃以下停止活动，55℃时10分钟死亡。

防治方法　土壤消毒。在播种或定植前，每平方米用菌线威0.3～0.5克，兑水3500～7500倍或混过筛湿润细土200～500倍均匀喷洒或撒施在土表上，有条件的可用地膜覆盖48～72小时；或每亩用5%根线净3～4千克，拌细土均匀施入播种沟或播种穴内；生长期（发病期），用菌线威3500～7000倍液，浇灌植株基部。最好与禾本科作物轮作或水旱轮作综合防治。

2. 虫害

（1）蚜虫　蚜虫以刺吸式口器刺吸植株的茎、叶，尤其是幼嫩部位，吸取植物体内养分，常群居为害，造成叶片皱缩、卷曲、畸形，使苦参生长发育迟缓，甚至枯萎死亡。蚜虫的分泌物不仅直接危害植物，而且还是病菌的良好培养基，从而诱发病害等进一步危害植物。

防治方法　用鲜辣椒或干红辣椒50克，加水30～50毫升煮半小时左右，用其滤液洒受害植物有特效。或者用洗衣粉3～4克，加水100毫升，搅拌成溶液后，连续喷2～3次，防治效果达100%。用"风油精"加水制成600～800倍溶液，用喷雾器对害虫仔细喷洒，使虫体沾上药水。也可将洗衣粉、尿素、水按1∶4∶100的比例，搅拌成混合液后，用以喷洒植株，可以达到灭虫、施肥一举两得之效。也可喷洒50%辟蚜雾超微可湿性粉剂2000倍液或20%灭多威乳油1500倍液、50%蚜松乳油1000～1500倍液、50%辛硫磷乳油2000倍液。

（2）苦参螟蛾　主要危害苦参茎秆，蛀食茎秆，导致植株死亡。

防治方法　选用抗虫品种，如平伸型茎芽苦参；第一年和第二年秋季结合割秆断茎培土来防治苦参螟蛾；清除田间杂草，减小地面空气湿度。

五、采收加工

（一）栽培药材采收与加工

1. 采收

苦参为多年生植物，人工栽培苦参可连续生长10年以上，从有效成分积累与经济效益来讲，以3～4年为适宜的采收年限。四年生以上苦参植株，光合产物向根部的运输和累积减少，根部产量增加缓慢。苦参生长3年以上，其生物碱含量便可达到3.0%左右，应在3年以后的9～10月茎叶枯萎后或次年3～4月出苗前采挖。大田直播苦参较为适宜的采收年限为3～4年，育苗移栽的苦参2～3年采收；采挖深度应达40厘米，刨出全株，按根的自然生长情况，分割成单根，去掉芦头、须根，洗净泥沙，晒干或烘干即成。每亩可产干品药材700千克左右。人工采挖能够整株采挖，产量损失小，但采挖速度慢，效率低，大面积栽培建议机械采收。

2. 加工

苦参的产地加工包括去杂、分级与干燥。去杂是指清除混在苦参根条中杂质的净选方法。要除去残留的苦参茎基、杂草、腐烂根等，亦要除去混入的其他草根、树根及根茎，还要将芦头、根条切开分类。经整理后根据直径分级。分级后的苦参可趁鲜出售，也可干燥贮藏后出售。苦参干燥方法为自然干燥法。

（二）野生药材采收与加工

吕梁山片区有丰富的野生苦参资源，野生苦参采收时间为夏秋两季。野生苦参采挖时，尽量完整刨出全株，去掉芦头以上部分，去掉须根。产地初加工方法与栽培苦参相同。

（三）种子采收与留种技术

苦参第2年开始生殖生长，第2年每亩产苦参种子25～30千克；第3年每亩产种子75～80千克。北方地区一般8月下旬至10月为荚果成熟期（图4），苦参留种田以三年生植株为好。苦参种子经硬实性处理后，当年种子发芽率为95%左右，常温下贮藏1年，发芽

率减退10%，为85%；发芽势
减退15%，为64%左右。隔年
种子尚可利用，3年以上种子
就不能再作种用。种子千粒重
为38克左右。

图4　苦参果荚

六、药典标准

1. 药材性状

本品呈长圆柱形，下部常
有分枝，长10～30厘米，直径
1～6.5厘米。表面灰棕色或棕黄色，具纵皱纹和横长皮孔样突起，外皮薄，多破裂反卷，
易剥落，剥落处显黄色，光滑。质硬，不易折断，断面纤维性；切片厚3～6毫米；切面黄
白色，具放射状纹理和裂隙，有的具异型维管束呈同心性环列或不规则散在。气微，味
极苦。

2. 鉴别

本品粉末淡黄色。木栓细胞淡棕色，横断面观呈扁长方形，壁微弯曲；表面观呈类多
角形，平周壁表面有不规则细裂纹，垂周壁有纹孔呈断续状。纤维和晶纤维，多成束；纤
维细长，直径11～27微米，壁厚，非木化；纤维束周围的细胞含草酸钙方晶，形成晶纤
维，含晶细胞的壁不均匀增厚。草酸钙方晶，呈类双锥形、菱形或多面形，直径约至237
微米。淀粉粒，单粒类圆形或长圆形，直径2～20微米，脐点裂缝状，大粒层纹隐约可见；
复粒较多，由2～12分粒组成。

3. 检查

（1）水分　不得过11.0%。
（2）总灰分　不得过8.0%。

4. 浸出物

照水溶性浸出物测定法项下的冷浸法测定，不得少于20.0%。

七、仓储运输

（一）包装

包装之前要检验苦参质量，符合质量标准的才能包装。打包时要求扣牢扎紧，缝捆严密。包装材料选用不易破损、不影响苦参品质的材料。包装袋上应标注品名、批号、重量、产地、采收日期、注意事项等。

（二）贮藏

苦参贮藏要求常温、通风、干燥、避光条件。贮藏时应经常对苦参药材水分含量进行抽检，以免产生霉变等不良后果；堆放要整齐，要留有通道、间隔和墙距，以利抽检及空气流动；不同种类药材应分别堆放，特别是吸湿性强的药材更应分别堆放，以免引起其他药材受潮；贮藏药材应有明显标签。

（三）运输

中药材的运输，必须根据产品的类别、特点、包装性能、储藏要求、运输距离及季节不同等采用不同的运输手段；中药材在运输过程中，所用搬运工具必须洁净卫生，无有毒、有害物质，不能对中药材引入污染；运载工具应具较好的通气性，以保持干燥。在阴雨天，应严密防雨、防潮；在运输过程中，合格中药材不能与不合格中药材混堆，一起运输。

八、药材规格等级

药材的商品规格与内在质量密切相关，关于苦参商品规格分级标准的研究报道较少。

商品规格按大小分等，大致有5种情况：直径<1厘米；直径1～2厘米；直径2～3厘米；直径>3厘米，枯朽部位较少；直径>3厘米，但枯朽部位较多。

安徽省中药饮片规格规定苦参有两种规格等级划分方式，第一种分级方式依据直径将苦参划分三个等级，一等品直径2.5～6.5厘米，二等品直径1.5～2.5厘米，三等品直径

1.0～1.5厘米；第二种分级方式将苦参分为统货（过1毫米孔眼的筛）、2毫筛（过2毫米孔眼的筛）、4毫筛（过4毫米孔眼的筛）、6毫筛（过6毫米孔眼的筛）几种。

九、药用价值

苦参味苦，性寒。归心、肝、胃、大肠、膀胱经。有清热燥湿，杀虫，利尿的功能。用于热痢，便血，黄疸尿闭，赤白带下，阴肿阴痒，湿疹，湿疮，皮肤瘙痒，疥癣麻风；外治滴虫性阴道炎。

参考文献

[1] 中国科学院中国植物志编委会. 中国植物志[M]. 北京：科学出版社，2004.

[2] 乔永刚，雷振宏. 苦参生产加工适宜技术[M]. 北京：中国医药科技出版社，2018.

[3] 李安平. 中国苦参[M]. 北京：中国医药科技出版社，2014.

[4] 郭吉刚，关扎根. 苦参生物学特性及栽培技术研究[J]. 山西中医学院报，2005，6（2）：45–47.

[5] 程红玉. 苦参种子发芽特性及水分和盐碱对幼苗胁迫效应的研究[D]. 兰州：甘肃农业大学，2008.

[6] 程红玉，方子森，纪瑛，等. 苦参种子发芽特性研究[J]. 种子，2010，29（11）：38–41.

[7] 陈蓉. 氮、磷、钾肥对苦参产质量影响的研究[D]. 甘肃农业大学，2009.

[8] 胡家福，杨应明. 苦参的人工栽培[J]. 华西药学杂志，2001，16（1）：62–63.

[9] 张志刚. 苦参繁殖技术研究[J]. 中国农业信息月刊，2014（11）：26–27.

[10] 姜振侠. 苦参规范化栽培技术[N]. 河北科技报，2014–12–23（B4）.

[11] 石爱丽，邢占民，牛杰，等. 承德地区苦参主要病虫害危害种类调查[J]. 中国农业信息，2015（9）：114–116.

[12] 高峰，强芳英，纪瑛，等. 兰州地区人工栽培苦参病虫害发生初报[J]. 草业科学，2010，27（10）：142–148.

蒲公英

本品为菊科植物蒲公英*Taraxacum mongolicum* Hand.-Mazz.、碱地蒲公英*Taraxacum borealisinense* Kitam.或同属数种植物的干燥全草。

一、植物特征

1. 蒲公英

全株含白色乳汁，株高10～25厘米。根垂直，圆锥形，单一或分枝，外皮黄棕色。叶全部根生，平展，基生成莲座状，叶柄短，与叶片不分，基部两侧扩大呈鞘状，叶片线状披针形似匙形，基部下延为窄翅状，叶为大头羽状分裂，顶裂片三角形，侧裂片斜三角形，裂片近全缘。表面深绿色，初期有疏软毛，背面淡绿色，无毛，中肋宽而明显，侧肋不明显。花葶比叶短或等长，花后伸长，长达20～60厘米，直立，中空，上部密生绵毛，花萼出于叶簇基部；头状花序较大，单生，总苞钟形，总苞片卵状披针形，花黄色，两性，全部为舌状花，舌片先端有5齿，下部1/3连成管状，花柱外，花丝分离。雌蕊1枚，子房下位，花柱细长，柱头2深裂，有短毛。瘦果倒披针形，稍扁，长约4毫米，暗褐色，有条棱，中部以上具刺状突起，顶端扩大，冠毛白色，宿存，长约7毫米，细软。花期始于4月上旬，5月上旬进入盛果期，盛果期延续15天左右，全年均有零星开花，在9～10月间也有一次较集中的果期。

2. 碱地蒲公英

多年生草本。根颈部有褐色残存叶基。叶倒卵状披针形或狭披针形，稀线状披针形，长4～12厘米，宽6～20毫米，边缘叶羽状浅裂或全缘，具波状齿，内层叶倒向羽状深裂，顶裂片较大，长三角形或戟状三角形，每侧裂片3～7片，狭披针形或线状披针形，全缘或具小齿，平展或倒向，两面无毛，叶柄和下面叶脉常紫色。花葶1至数个，高5～20厘米，长于叶，顶端被蛛丝状毛或近无毛；头状花序直径20～25毫米；总苞小，长8～12毫米，淡绿色；总苞片3层，先端淡紫色，无增厚，亦无角状突起，或有时有轻微增厚；外层总苞片卵状披针形，有窄或宽的白色膜质边缘；内层总苞片披针形，长于外层总苞片的2倍；舌状花黄色，稀白色，边缘花舌片背面有紫色条纹，舌片长约8毫米，宽1.0～1.5毫米。瘦果倒卵状披针形，淡褐色，长3～4毫米，上部有刺状突起，下部有稀疏的钝小瘤，顶端逐渐收缩为长约1毫米的圆锥至圆柱形喙基，喙长3～4.5毫米；冠毛白色，长5～6毫米。花果期6～8月。

3. 药用蒲公英

拉丁学名为*Taraxacum officinale* F. H. Wigg，多年生草本。根颈部密被黑褐色残存叶基。叶狭倒卵形、长椭圆形，稀少倒披针形，长4～20厘米，宽10～65毫米，大头羽状深裂或羽状浅裂，稀不裂而具波状齿，顶端裂片三角形或长三角形，全缘或具齿，先端急尖或圆钝，每侧裂片4～7片，裂片三角形至三角状线形，全缘或具牙齿，裂片先端急尖或渐尖，裂片间常有小齿或小裂片，叶基有时显红紫色，无毛或沿主脉被稀疏的蛛丝状短柔毛。花葶多数，高5～40厘米，长于叶，顶端被丰富的蛛丝状毛，基部常显红紫色；头状花序直径25～40毫米；总苞宽钟状，长13～25毫米，总苞片绿色，先端渐尖、无角，有时略呈胼胝状增厚；外层总苞片宽披针形至披针形，长4～10毫米，宽1.5～3.5毫米，反卷，无或有极窄的膜质边缘，等宽或稍宽于内层总苞片；内层总苞片长为外层总苞片的1.5倍；舌状花亮黄色，花冠喉部及舌片下部的背面密生短柔毛，舌片长7～8毫米，宽1～1.5毫米，基部筒长3～4毫米，边缘花舌片背面有紫色条纹，柱头暗黄色。瘦果浅黄褐色，长3～4毫米，中部以上有大量小尖刺，其余部分具小瘤状突起，顶端突然缢缩为长0.4～0.6毫米的喙基，喙纤细，长7～12毫米；冠毛白色，长6～8毫米。花果期6～8月。（图1）

图1　药用蒲公英

二、资源分布概况

蒲公英在我国的分布较广，种类繁多，有70种、1变种，广泛分布于东北、华北、西北、华中、华东及西南各省区，西南和西北地区最多。其中药用蒲公英产于新疆各地。蒲公英产于黑龙江、吉林、辽宁、内蒙古、河北、山西、陕西、甘肃、青海、山东、江苏、安徽、浙江、福建北部、台湾、河南、湖北、湖南、广东北部、四川、贵州、云南等省区。

三、生长习性

蒲公英适应性、抗逆性强，抗寒又耐热。喜较冷凉的环境，早春土壤化冻后地温在1～2℃时即可萌发，生长适温为10～25℃，可耐–30℃低温。既耐旱又耐碱，适应性强。其抗湿能力也很强，且耐阴。可在各种类型的土壤条件下生长，但最适合疏松、肥沃的砂质壤土。在阳光充足、水肥充足的条件下生长旺盛。蒲公英种子容易发芽，发芽适温为15～25℃，30℃以上的高温对萌发有抑制作用（图2）。在适宜的温湿度条件下，一般从播种到出苗6～10天，出苗至团棵20～25天，团棵至开花60天左右。条件适宜的情况下可多次开花（图3），开花至结果需5～6天，结果至种子成熟需10～15天。

图2 蒲公英种子萌发

图3 盛开的蒲公英

四、栽培技术

1. 种植材料

（1）有性繁殖 以种子繁殖为主，蒲公英种子在4月即可成熟采收，由于没有休眠期，采收后可以用干籽直接播种。

（2）无性繁殖　以肉质直根繁殖为主，在3月中下旬和9月下旬都可用肉质直根繁殖栽培。

2. 选地与整地

（1）选地　一般选肥沃、湿润、疏松、有机质含量高、向阳的砂质壤土或土层深厚、有机质含量高的土地种植。忌选保水、保肥差，易风干的新积土和火山灰暗棕壤种植蒲公英。

（2）整地　播种前需施足底肥和进行深翻地。每亩耕地施腐熟农家肥1000～1500千克，与土壤充分混合耙匀后，深翻25～30厘米，整平细耙，地面整平耙细后，做宽100厘米、高15厘米、长10米的播种床或做高30厘米、基宽30厘米，肩宽20厘米小垄。床面要整细搂平，不能有石块、树根和木棍等杂物。

3. 播种

（1）露地直播法

①种子消毒：对种子消毒可有效防治病害的传播。常用的种子消毒方法有药粉拌种和药水浸种。

②种子催芽：在寒冬、早春或盛夏，当外界温度过低或过高时，种子发芽困难，可进行催芽处理。蒲公英的催芽温度为20～25℃。

③播种：初春、盛夏至晚秋均可播种。采用撒播或条播，播前要施足底肥，一般每亩施农家肥4500～5000千克，作底肥。施肥后翻地作畦，畦宽1.0～1.2米。在畦内开小沟，沟距20厘米，沟宽10厘米，在沟底撒施种肥硝酸铵，每亩用种子50～100克。播后覆土，土厚0.5～1.0厘米。也可在作畦后直接将种子撒播入大田内，然后覆土1厘米。播种时要求土壤湿润，如遇干旱，在播种前两天浇透水，以保证全苗。若早春播种气温过低可覆盖地膜，夏天可覆盖杂草保持一定水分，以保证出苗整齐。

（2）育苗移栽法　在早春、盛夏自然气候不适合种子萌发的情况下，为了提高种子发芽率、减少苗期管理、避免种子浪费、提高经济效益，可在小环境中进行育苗然后移栽到大田中进行管理。

①育苗：种子处理方法如前所述。选择肥沃、疏松、灌溉方便的地块，浇足底水，3～5天后施足底肥，然后翻地作畦，畦宽1.0～1.2米。均匀地将蒲公英种子撒在地表，然后用铁耙将表土耙平，令表土覆盖种子0.5～1.0厘米即可。种子10～15日出苗，再经过20～25日的生长即可移栽到大田进行管护。

②定植：育苗畦内苗高达到10厘米以上，幼苗4片真叶以上时可以定植。按不同的栽培目的采用不同的株行距。作药用与食用栽培时株行距一般为25厘米×25厘米。定植后浇定植水和缓苗水，然后中耕锄草。

4. 田间管理

（1）间苗补苗　间苗时根据生长情况去弱留强、去病留壮进行间苗，株距5～8厘米，再经10～15日即可定苗，株距8～10厘米，对缺苗断垄要及时补苗，保壮苗、保全苗是稳产高产的基础，蒲公英长到4片真叶时，进行第一次间苗，6片叶时定苗，株距8～10厘米。

（2）中耕除草　蒲公英出苗10日左右或叶长长至10厘米左右时可进行第1次中耕除草，以后每10日左右中耕除草1次，直到封垄为止。出苗10日左右齐苗后，不再洒水，及时进行浅锄中耕，疏松表土。以后每10日进行1次松土中耕。封垄后要继续进行人工除草。

（3）施肥灌溉　出苗前，如果土壤干旱，可在播种畦上，先稀疏散盖一些麦秸或茅草。然后洒水，保持土壤湿润。蒲公英出苗后需要大量水分，因此需保持土壤的湿润状态。蒲公英长到一叶一心时第1次施磷酸二铵与尿素（3∶1）混合肥，每100平方米用肥2.5千克，施肥后浇水。原则是小水勤浇。三叶一心时第2次施肥，方法同上。

5. 病虫害防治

（1）病害

①叶斑病：主要危害叶片。

防治方法　及时清理田园，结合采摘，将病叶及病株携出田外烧毁；清沟排水，适时喷施植宝素等，使植株健壮生长，增强抵抗力；发病初期开始喷洒42%福星乳油8000倍液或20.67%万兴乳油2000～30 000倍液、50%扑海因可湿性粉剂1500倍液。每10～15日喷1次，连喷2～3次；也可喷洒40%多硫悬浮剂500倍液，75%百菌清可湿性粉剂1000倍液，70%甲基硫菌灵可湿性粉剂1000倍液，50%扑海因可湿性粉剂1500倍液，60%乙膦铝可湿性粉剂600倍液。

②锈病：主要危害叶片和茎。

防治方法　同叶斑病防治方法。

③斑枯病：主要危害叶片。

防治方法　及时清沟排水，要通风透光，及时剪除病叶深埋或烧毁；可喷洒30%碱式硫酸铜悬浮剂400倍液，1∶1∶100波尔多液，50%甲基硫菌灵悬浮剂800倍液，75%百菌清可湿性粉剂600倍液，50%苯菌灵可湿性粉剂1500倍液。隔10～15日喷1次。

④枯萎病：初发病时叶色变浅发黄，随后茎基部也变成浅褐色，向下扩展使根部坏死或发黑。

防治方法　施用酵素菌沤制的堆肥或腐熟有机肥；加强田间管理，与其他作物轮作；合理灌溉，尽量避免田间过湿或雨后积水；发病初期选用50%多菌灵可湿性粉剂500倍液，或50%琥胶肥酸铜可湿性粉剂400倍液、30%碱式硫酸铜悬浮剂400倍液灌根，每株用药液0.4～0.5升，视病情连续灌2～3次。

⑤霜霉病：主要危害叶片。

防治方法　可用72%克露，或克霉氰、克抗灵可湿性粉剂800倍液、69%安克锰锌可湿性粉剂1000倍液喷雾防治，也可每亩喷施5%百菌清粉剂300克，或用25%百菌清可湿性粉剂500倍液进行喷雾防治。

（2）虫害

①蚜虫：危害植物的嫩叶、嫩茎、花蕾等组织器官。

防治方法　可用50%辟蚜雾可湿性粉剂或水分散粒剂2000～3000倍液喷雾，也可用50%马拉硫磷乳油，或22%二嗪农乳油，21%灭毙乳油3000倍液或70%灭蚜松可湿性粉剂2500倍液喷雾防治。

②蝼蛄：蝼蛄成虫和若虫在土中咬食刚播下的种子和幼芽，或将幼苗根、茎部咬断，使幼苗枯死，受害的根部呈乱麻状。

防治方法　危害严重时可每亩用5%辛硫磷颗粒剂1～1.5千克与15～30千克细土混匀后撒入地面并耕耙，或于定植前沟施毒土。

③地老虎：地老虎低龄幼虫在植物的地上部危害，取食子叶、嫩叶，造成孔洞或缺刻。中老龄幼虫取食植物近土面的嫩茎，使植株枯死，造成缺苗断垄，甚至毁苗重播。

防治方法　在种植蒲公英的地块提前1年秋翻晒土及冬灌，可杀灭虫卵、幼虫及部分越冬蛹；用糖醋液、马粪和灯光诱虫，清晨集中捕杀。

五、采收加工

1. 采收

（1）采收种子　蒲公英4～5月份开花，5～6月结籽。开花后种子成熟期短，15日左右种子即可成熟。选择根茎粗壮、叶片肥大的植株作为采种株。花盘外壳由绿色变为黄色，每个花盘种子也由白色变为褐色，即种子成熟，便可采收种子。种子成熟后，很快伴絮随风飞散，可以在花盘未开裂时抢收，这是种子采收成败的关键。花盘摘下后，放在室内后熟1日，待花盘伞部散开，再阴干1～2日。待种子半干时，用手揉搓或用细柳条轻轻抽打去掉冠毛，然后将种子晒干。（图4）

图4　蒲公英种子

（2）采收药材　蒲公英可以一次播种多茬收获，采收的最佳时期是在植株充分长足，个别植株顶端可见到花蕾时。播种当年不采收，第二年开始采收。以药用为目的，收获全草时可于春秋植株开花初挖取全株。作蔬菜栽培时不收全株，在叶片长至30厘米以上时可刈割叶片并在开花初期收花葶，去掉烂损叶片，分级包装即可上市（图5）。每年可刈割4～5茬，每亩产量可达3500～4000千克。

图5　蒲公英药材

2. 加工

蒲公英带根全草，除去杂质，去泥洗净，晒干以备药用。干燥蒲公英全草应置于通风干燥处，防潮，防蛀。

六、药典标准

1. 药材性状

本品呈皱缩卷曲的团块。根呈圆锥形，多弯曲，长3～7厘米；表面棕褐色，抽皱；根头部有棕褐色或黄白色的茸毛，有的已脱落。叶基生，多皱缩破碎，完整叶片呈倒披针形，绿褐色或暗灰色，先端尖或钝，边缘浅裂或羽状分裂，基部渐狭，下延呈柄状，下表面主脉明显。花茎1至数条，每条顶生头状花序，总苞片多层，内面一层较长，花冠黄褐色或淡黄白色。有的可见多数具白色冠毛的长椭圆形瘦果。气微，味微苦。

2. 鉴别

（1）叶表面观　上下表面细胞垂周壁波状弯曲，表面角质纹理明显或稀疏可见。上下表皮均有非腺毛，3～9细胞，直径17～34微米，顶端细胞甚长，皱缩呈鞭状或脱落。下表皮气孔较多，不定式或不等式，副卫细胞3～6个，叶肉细胞含细小草酸钙结晶。叶脉旁可见乳汁管。

（2）根横切面　木栓细胞数列，棕色。韧皮部宽广，乳管群断续排列成数轮，形成层成环，木质部较小，射线不明显；导管较大，散列。

3. 检查

水分不得过13.0%。

七、仓储运输

1. 仓储

蒲公英肉质根的贮藏：应提前准备好贮藏窖，最好选择背阴地块挖宽1.0～1.2米、深1.5米（东西方向延长）的贮藏窖。将肉质根放入窖内，码好，高度不超过50厘米。贮藏前期要防止温度过高而引起肉质根腐烂或发芽；贮藏后期要防冻。

2. 运输

蒲公英药材批量运输时，注意不能与其他有毒、有害、有异味的物品混装；运输工具或容器要清洁、整齐、干燥，还要注意防潮、防晒，并尽可能缩短运输时间，此外，各项规定应符合国家标准。

八、药材规格等级

（1）野生蒲公英选货　野生，绿色或灰绿色，杂质及0.2厘米以下灰渣重量占比不超过5%。

（2）野生蒲公英绿色统货　野生，绿色或灰绿色，杂质及0.2厘米以下灰渣重量占比不超过10%。

（3）野生蒲公英灰绿色统货　野生，灰绿色或灰色，杂质及0.2厘米以下灰渣重量占比不超过10%。

（4）家种蒲公英选货　家种，绿色或灰绿色，杂质及0.2厘米以下灰渣重量占比不超过3%。

（5）家种蒲公英绿色统货　家种，绿色或灰绿色，杂质及0.2厘米以下灰渣重量占比不超过7%。

（6）家种蒲公英灰绿色统货　家种，灰绿色或灰色，杂质及0.2厘米以下灰渣重量占比不超过7%。

（7）野生蒲公英选段　蒲公英段，野生，切段，绿色或灰绿色，杂质及0.2厘米以下灰渣重量占比不超过5%。

（8）野生蒲公英绿色统段　蒲公英段，野生，绿色或灰绿色，杂质及0.2厘米以下灰渣重量占比不超过10%。

（9）野生蒲公英灰绿色统段　蒲公英段，野生，灰绿色或灰色，杂质及0.2厘米以下灰渣重量占比不超过10%。

（10）家种蒲公英选段　蒲公英段，家种，绿色或灰绿色，杂质及0.2厘米以下灰渣重量占比不超过5%。

（11）家种蒲公英绿色统段　蒲公英段，家种，绿色或灰绿色，杂质及0.2厘米以下灰渣重量占比不超过7%。

（12）家种蒲公英灰绿色统段　蒲公英段，家种，灰绿色或灰色，杂质及0.2厘米以下灰渣重量占比不超过10%。

九、药用食用价值

1. 临床常用

蒲公英味苦、甘，性寒。归肝、胃经。有清热解毒，消肿散结，利尿通淋的功效。用于疔疮肿毒，乳痈，瘰疬，目赤，咽痛，肺痈，肠痈，湿热黄疸，热淋涩痛。蒲公英是清热解毒的传统药物，被称为中药中的"八大金刚"之一。近年来通过进一步的研究证明它有良好的抗感染作用。现已制成注射剂、片剂、糖浆等不同剂型，广泛用于临床各科，此外尚有酒精剂、膏剂、点眼剂、糊剂等。

2. 食疗及保健

蒲公英营养丰富，富含蛋白质、碳水化合物、多种矿物质以及微量元素、维生素，同时具有抗病毒、抗感染、抗肿瘤作用，是绿色食品的重要来源。近年来，随着科技的发展，蒲公英保健品广泛应用于饮料、食品等领域。蒲公英的嫩叶嫩苗可生食，可煮食，可炒食，可凉拌，还可煮蒲公英粳米（糯米）粥等。作为苗菜，可采摘其幼苗包装出售，是极好的纯天然绿色食品。蒲公英加工制成的系列产品风味独特，如天然蒲公英饮料、复合保健饮料、蒲公英酱、蒲公英酒、蒲公英咖啡、蒲公英糖果、蒲公英花粉、蒲公英根粉，以及用于饮料、罐头、糕点、糖果和化妆品的蒲公英黄素。

参考文献

[1] 中国科学院中国植物志编委会. 中国植物志：第80卷[M]. 北京：科学出版社，2004.

[2] 孙仓，常桂英. 蒲公英的生态习性[J]. 通化师范学院学报，1996（2）：44–45.

[3] 葛学军，林有润，翟大彤. 中国蒲公英属植物的初步整理[J]. 植物研究，1998，18（4）：377–397.

[4] 郭巧生. 药用植物栽培学[M]. 北京：高等教育出版社，2006.

[5] 乔永刚，刘根喜. 蒲公英生产加工适宜技术[M]. 北京：中国医药科技出版社，2018.

[6] 龙兴超，郭宝林. 200种中药材商品电子交易规格等级标准[M]. 北京：中国医药科技出版社，2017.

[7] 李春龙. 蒲公英常见病虫害防治及其采收加工[J]. 四川农业科技，2012（10）：48–49.

[8] 姜楠楠，张艳楠，任婷，等. 蒲公英的药理作用与开发进展[J]. 科技、经济、市场，2015（7）：196.

[9] 沈阳，杨晓源，丁章贵，等. 蒲公英的化学成份及其药理作用[J]. 天然产物研究与开发，2012（S1）：141–151.

附录1

吕梁山区家种家养、野生中药材主要品种名录

类别	主要品种名录
家种家养	黄芪、党参、柴胡、远志、黄芩、甘草、款冬花、苦参、板蓝根、射干、知母、连翘、大枣、核桃、山药、赤小豆、丹参、紫苏、射干、胡麻、猪苓、牛蒡子、桔梗、花椒、黄花菜、苦荞、藜麦、山楂、金银花、地黄、苦杏仁、北苍术、蒲公英、迷迭香、小茴香、黄芥子、地肤子、牵牛子、莱菔子、马鹿、梅花鹿、麝
野生	远志、黄芪、黄芩、柴胡、甘草、北苍术、蒲公英、秦艽、知母、苦参、猪苓、酸枣仁、山桃仁、山杏仁、黄精、玉竹、沙棘、香加皮、车前子、葶苈子、麻黄、茵陈、甜地丁、穿地龙、地骨皮、薤白、黄花列当、苍耳子、白蒺藜、旋覆花、槲寄生、款冬花、马勃、龙骨、龙齿、全蝎

附录2

全国第四次中药资源普查永和县中药资源名录

（一）永和县中药资源普查名录（高等植物类）

序号	基原中文种名	科名	属名	基原拉丁学名	采集地点
1	中华卷柏	卷柏科	卷柏属	*Selaginella sinensis* (Desv.) Spring	芝河镇呼家岔村
2	问荆	木贼科	木贼属	*Equisetum arvense* L.	芝河镇呼家岔村
3	木贼	木贼科	木贼属	*Equisetum hyemale* L.	芝河镇呼家岔村
4	节节草	木贼科	木贼属	*Equisetum ramosissimum* Desf.	芝河镇呼家岔村
5	苏铁	苏铁科	苏铁属	*Cycas revoluta* Thunb.	芝河镇城区
6	银杏	银杏科	银杏属	*Ginkgo biloba* L.	芝河镇城区
7	白扦	松科	云杉属	*Picea meyeri* Rehd. et Wils.	芝河镇城区
8	青扦	松科	云杉属	*Picea wilsonii* Mast.	芝河镇城区
9	油松	松科	松属	*Pinus tabuliformis* Carr.	桑壁镇石门山
10	侧柏	柏科	侧柏属	*Platycladus orientalis* (L.) Franco	芝河镇阎家腰村
11	圆柏	柏科	圆柏属	*Sabina chinensis* (L.) Ant.	芝河镇药家湾村
12	木贼麻黄	麻黄科	麻黄属	*Ephedra equisetina* Bge.	桑壁镇石门山
13	草麻黄	麻黄科	麻黄属	*Ephedra sinica* Stapf	桑壁镇石门山
14	胡桃	胡桃科	胡桃属	*Juglans regia* L.	桑壁镇护国村
15	山杨	杨柳科	杨属	*Populus davidiana* Dode	芝河镇
16	小叶杨	杨柳科	杨属	*Populus simonii* Carr.	芝河镇
17	垂柳	杨柳科	柳属	*Salix babylonica* L.	芝河镇龙吞泉
18	旱柳	杨柳科	柳属	*Salix matsudana* Koidz.	芝河镇
19	龙爪柳	杨柳科	柳属	*Salix matsudana* Koidz.f. *tortuosa* (Vilm.) Rehd.	桑壁镇双锁山
20	皂柳	杨柳科	柳属	*Salix wallichiana* Anderss.	坡头乡四十里山
21	虎榛子	桦木科	虎榛子属	*Ostryopsis davidiana* Decne.	坡头乡四十里山
22	槲栎	山毛榉科	栎属	*Quercus aliena* Bl.	坡头乡四十里山
23	辽东栎	山毛榉科	栎属	*Quercus wutaishanica* Mayr	芝河镇川口村
24	黑弹树	榆科	朴属	*Celtis bungeana* Bl.	芝河镇深腰里

序号	基原中文种名	科名	属名	基原拉丁学名	采集地点
25	榆树	榆科	榆属	*Ulmus pumila* L.	南庄乡红涯渠
26	构树	桑科	构属	*Broussonetia papyrifera* (Linn.) L'Hér. ex Vent.	芝河镇
27	大麻	桑科	大麻属	*Cannabis sativa* L.	阁底乡后山里村
28	无花果	桑科	榕属	*Ficus carica* L.	芝河镇北庄村
29	啤酒花	桑科	葎草属	*Humulus lupulus* Linn.	交口乡楼山
30	葎草	桑科	葎草属	*Humulus scandens* (Lour.) Merr.	芝河镇北庄村
31	桑	桑科	桑属	*Morus alba* L.	芝河镇北庄村
32	急折百蕊草	檀香科	百蕊草属	*Thesium refractum* C. A. Mey.	桑壁镇双锁山
33	槲寄生	桑寄生科	槲寄生属	*Viscum coloratum* (Kom.) Nakai	坡头乡孙家庄
34	荞麦	蓼科	荞麦属	*Fagopyrum esculentum* Moench	坡头乡永平庄
35	木藤蓼	蓼科	蓼属	*Fallopia aubertii* (L. Henry) Holub	芝河镇王家坪村
36	萹蓄	蓼科	蓼属	*Polygonum aviculare* L.	芝河镇王家坪村
37	酸模叶蓼	蓼科	蓼属	*Polygonum lapathifolium* L.	芝河镇龙口湾村
38	红蓼	蓼科	蓼属	*Polygonum orientale* L.	芝河镇龙口湾村
39	习见蓼	蓼科	蓼属	*Polygonum plebeium* R. Br.	阁底乡
40	尖果蓼	蓼科	蓼属	*Polygonum rigidum* Skv.	坡头乡王家原村
41	西伯利亚蓼	蓼科	蓼属	*Polygonum sibiricum* Laxm.	芝河镇马家庄村
42	华北大黄	蓼科	大黄属	*Rheum franzenbachii* Munt.	坡头乡坡头村
43	掌叶大黄	蓼科	大黄属	*Rheum palmatum* L.	坡头乡坡头村
44	皱叶酸模	蓼科	酸模属	*Rumex crispus* L.	坡头乡坡头村
45	齿果酸模	蓼科	酸模属	*Rumex dentatus* L.	芝河镇罢骨村
46	刺酸模	蓼科	酸模属	*Rumex maritimus* L.	芝河镇罢骨村
47	光叶子花	紫茉莉科	叶子花属	*Bougainvillea glabra* Choisy	芝河镇王家坪村
48	紫茉莉	紫茉莉科	紫茉莉属	*Mirabilis jalapa* L.	芝河镇王家坪村
49	大花马齿苋	马齿苋科	马齿苋属	*Portulaca grandiflora* Hook.	芝河镇王家坪村
50	马齿苋	马齿苋科	马齿苋属	*Portulaca oleracea* L.	芝河镇王家坪村
51	卷耳	石竹科	卷耳属	*Cerastium arvense* L.	芝河镇贺家庄村
52	石竹	石竹科	石竹属	*Dianthus chinensis* L.	芝河镇贺家庄村
53	瞿麦	石竹科	石竹属	*Dianthus superbus* L.	芝河镇贺家庄村
54	鹅肠菜	鹅肠菜	鹅肠菜属	*Myosoton aquaticum* (L.) Moench	芝河镇杜家庄村

序号	基原中文种名	科名	属名	基原拉丁学名	采集地点
55	女娄菜	石竹科	蝇子草属	*Silene aprica* Turcz. ex Fisch. et Mey.	芝河镇杜家庄村
56	麦瓶草	石竹科	蝇子草属	*Silene conoidea* L.	坡头乡马家原村
57	鹤草	石竹科	蝇子草属	*Silene fortunei* Vis.	坡头乡马家原村
58	麦蓝菜	石竹科	麦蓝菜属	*Vaccaria segetalis* (Neck.) Garcke	坡头乡马家原村
59	沙蓬	藜科	沙蓬属	*Agriophyllum squarrosum* (L.) Moq.	芝河镇李家渠村
60	中亚滨藜	藜科	滨藜属	*Atriplex centralasiatica* Iljin	坡头乡马家原村
61	藜	藜科	藜属	*Chenopodium album* L.	坡头乡马家原村
62	刺藜	藜科	藜属	*Chenopodium aristatum* L.	坡头乡坡头村
63	菊叶香藜	藜科	藜属	*Chenopodium foetidum* Schrad.	坡头乡坡头村
64	灰绿藜	藜科	藜属	*Chenopodium glaucum* L.	坡头乡坡头村
65	杂配藜	藜科	藜属	*Chenopodium hybridum* L.	坡头乡坡头村
66	白茎盐生草	藜科	盐生草属	*Halogeton arachnoideus* Moq.	芝河郭家坡村
67	地肤	藜科	地肤属	*Kochia scoparia* (L.) Schrad.	芝河郭家坡村
68	猪毛菜	藜科	猪毛菜属	*Salsola collina* Pall.	坡头乡坡头村
69	菠菜	藜科	菠菜属	*Spinacia oleracea* L.	坡头乡坡头村
70	凹头苋	苋科	苋属	*Amaranthus lividus* L.	坡头乡贺家崖村
71	反枝苋	苋科	苋属	*Amaranthus retroflexus* L.	芝河镇呼家岔村
72	苋	苋科	苋属	*Amaranthus tricolor* L.	芝河镇呼家岔村
73	鸡冠花	苋科	青葙属	*Celosia cristata* L.	芝河镇呼家岔村
74	仙人球	仙人掌科	仙人球属	*Echinopsis multiplex* (Pfeiff.) Zucc.	芝河镇呼家岔村
75	仙人掌	仙人掌科	仙人掌属	*Opuntia stricta* (Haw.) Haw. var. *dillenii* (Ker-Gawl.) Benson	芝河镇呼家岔村
76	蟹爪兰	仙人掌科	仙人指属	*Schlumbergera truncata*(Haw.)Moran	芝河镇呼家岔村
77	牛扁	毛茛科	乌头属	*Aconitum barbatum* Pers. var. *puberulum* Ledeb.	桑壁镇李原村
78	大火草	毛茛科	银莲花属	*Anemone tomentosa* (Maxim.) Pei	芝河镇百湾子
79	芹叶铁线莲	毛茛科	铁线莲属	*Clematis aethusifolia* Turcz.	芝河镇段家河村
80	粗齿铁线莲	毛茛科	铁线莲属	*Clematis argentilucida* (Levl. et Vant.) W. T. Wang	芝河镇段家河村
81	短尾铁线莲	毛茛科	铁线莲属	*Clematis brevicaudata* DC.	芝河镇段家河村
82	灌木铁线莲	毛茛科	铁线莲属	*Clematis fruticosa* Turcz.	阁底乡石家湾村
83	粉绿铁线莲	毛茛科	铁线莲属	*Clematis glauca* Willd.	阁底乡石家湾村

序号	基原中文种名	科名	属名	基原拉丁学名	采集地点
84	黄花铁线莲	毛茛科	铁线莲属	*Clematis intricata* Bunge	阁底乡石家湾村
85	秦岭铁线莲	毛茛科	铁线莲属	*Clematis obscura* Maxim.	阁底乡石家湾村
86	翠雀	毛茛科	翠雀属	*Delphinium grandiflorum* L.	南庄乡大寨林
87	水葫芦苗	毛茛科	碱毛茛属	*Halerpestes cymbalaria* (Pursh) Green	坡头乡兰家沟村
88	长叶碱毛茛	毛茛科	碱毛茛属	*Halerpestes ruthenica* (Jacq.) Ovcz.	坡头乡兰家沟村
89	蓝堇草	毛茛科	蓝堇草属	*Leptopyrum fumarioides* (L.) Reichb.	坡头乡兰家沟村
90	白头翁	毛茛科	白头翁属	*Pulsatilla chinensis* (Bunge) Regel	芝河镇段家河村
91	茴茴蒜	毛茛科	毛茛属	*Ranunculus chinensis* Bunge	芝河镇段家河村
92	石龙芮	毛茛科	毛茛属	*Ranunculus sceleratus* L.	芝河镇段家河村
93	东亚唐松草	毛茛科	唐松草属	*Thalictrum minus* L. var. *hypoleucum* (Sieb. et Zucc.) Miq.	桑壁镇上桑壁村
94	展枝唐松草	毛茛科	唐松草属	*Thalictrum squarrosum* Steph.	桑壁镇上桑壁村
95	细唐松草	毛茛科	唐松草属	*Thalictrum tenue* Franch.	桑壁镇上桑壁村
96	黄芦木	小檗科	小檗属	*Berberis amurensis* Rupr.	芝河镇刘台村
97	细叶小檗	小檗科	小檗属	*Berberis poiretii* Schneid.	芝河镇刘台村
98	日本小檗	小檗科	小檗属	*Berberis thunbergii* DC.	芝河镇刘台村
99	蝙蝠葛	防己科	蝙蝠葛属	*Menispermum dauricum* DC.	坡头乡兰家沟村
100	金鱼藻	金鱼藻科	金鱼藻属	*Ceratophyllum demersum* L.	坡头乡兰家沟村
101	北马兜铃	马兜铃科	马兜铃属	*Aristolochia contorta* Bunge	坡头乡呈咀村
102	芍药	芍药科	芍药属	*Paeonia lactiflora* Pall.	芝河镇段家河村
103	牡丹	芍药科	芍药属	*Paeonia suffruticosa* Andr.	芝河镇段家河村
104	地丁草	罂粟科	紫堇属	*Corydalis bungeana* Turcz.	芝河镇段家河村
105	秃疮花	罂粟科	秃疮花属	*Dicranostigma leptopodum* (Maxim.) Fedde	南庄白家山村
106	角茴香	罂粟科	角茴香属	*Hypecoum erectum* L.	南庄白家山村
107	虞美人	罂粟科	罂粟属	*Papaver rhoeas* L.	南庄白家山村
108	芸苔	十字花科	芸苔属	*Brassica campestris* L.	交口乡赵家岭村
109	擘蓝	十字花科	芸苔属	*Brassica caulorapa* Pasq.	坡头乡新村
110	青菜	十字花科	芸苔属	*Brassica chinensis* L	坡头乡新村
111	甘蓝	十字花科	芸苔属	*Brassica oleracea* L.	坡头乡孙家庄村
112	白菜	十字花科	芸苔属	*Brassica pekinensis* (Lour.) Rupr.	坡头乡孙家庄村
113	荠	十字花科	荠属	*Capsella bursa-pastoris* (Linn.) Medic.	芝河镇药家湾村
114	桂竹香	十字花科	桂竹香属	*Cheiranthus cheiri* L.	芝河镇药家湾村

序号	基原中文种名	科名	属名	基原拉丁学名	采集地点
115	播娘蒿	十字花科	播娘蒿属	*Descurainia sophia* (L.) Webb ex Prantl	芝河镇药家湾村
116	小花糖芥	十字花科	糖芥属	*Erysimum cheiranthoides* L.	芝河镇药家湾村
117	菘蓝	十字花科	菘蓝属	*Isatis indigotica* Fortune	芝河镇药家湾村
118	独行菜	十字花科	独行菜属	*Lepidium apetalum* Willd.	阁底乡西庄村
119	涩荠	十字花科	涩荠属	*Malcolmia africana* (L.) R. Br.	芝河镇药家湾村
120	诸葛菜	十字花科	诸葛菜属	*Orychophragmus violaceus* (L.) O. E. Schulz	芝河镇药家湾村
121	萝卜	十字花科	萝卜属	*Raphanus sativus* L.	坡头乡孙家庄村
122	沼生蔊菜	十字花科	蔊菜属	*Rorippa islandica* (Oed.) Borb.	芝河罢古村
123	垂果大蒜芥	十字花科	大蒜芥属	*Sisymbrium heteromallum* C. A. Mey.	芝河罢古村
124	二球悬铃木	悬铃木科	悬铃木属	*Platanus acerifolia* Willd.	芝河罢古村
125	三球悬铃木	悬铃木科	悬铃木属	*Platanus orientalis* L.	芝河镇罢古村
126	八宝	景天科	景天属	*Hylotelephium erythrostictum* (Miq.) H. Ohba	芝河镇罢古村
127	瓦松	景天科	瓦松属	*Orostachys fimbriatus* (Turcz.) Berger	阁底乡阁山
128	费菜	景天科	费菜属	*Sedum aizoon* L.	桑壁镇李原村
129	堪察加景天	景天科	费菜属	*Sedum kamtschaticum* Fisch.	芝河镇梁家坡村
130	太平花	虎耳草科	山梅花属	*Philadelphus pekinensis* Rupr.	芝河镇梁家坡村
131	龙芽草	蔷薇科	龙芽草属	*Agrimonia pilosa* Ldb.	坡头乡杏渠村
132	山桃	蔷薇科	桃属	*Amygdalus davidiana* (Carrière) de Vos ex Henry	南庄花腰里村
133	桃	蔷薇科	桃属	*Amygdalus persica* L.	交口乡索珠村
134	山杏	蔷薇科	杏属	*Armeniaca sibirica* (L.) Lam.	芝河镇石门山
135	杏	蔷薇科	杏属	*Armeniaca vulgaris* Lam.	交口乡张家原村
136	樱桃	蔷薇科	樱属	*Cerasus pseudocerasus* (Lindl.) G. Don	坡头乡官庄村
137	毛樱桃	蔷薇科	樱属	*Cerasus tomentosa* (Thunb.) Wall.	坡头乡官庄村
138	水栒子	蔷薇科	栒子属	*Cotoneaster multiflorus* Bge.	桑壁镇榆曲村
139	西北栒子	蔷薇科	栒子属	*Cotoneaster zabelii* Schneid.	桑壁镇榆曲村
140	山楂	蔷薇科	山楂属	*Crataegus pinnatifida* Bge.	坡头乡乌门里
141	山里红	蔷薇科	山楂属	*Crataegus pinnatifida* var. *major* N. E. Brown	坡头乡乌门里
142	蛇莓	蔷薇科	蛇莓属	*Duchesnea indica* (Andr.) Focke	芝河镇川口村
143	路边青	蔷薇科	路边青属	*Geum aleppicum* Jacq.	坡头乡岔口村
144	花红	蔷薇科	苹果属	*Malus asiatica* Nakai	坡头乡岔口村

序号	基原中文种名	科名	属名	基原拉丁学名	采集地点
145	山荆子	蔷薇科	苹果属	*Malus baccata* (L.) Borkh.	坡头乡岔口村
146	楸子	蔷薇科	苹果属	*Malus prunifolia* (Willd.) Borkh.	交口乡张家原村
147	苹果	蔷薇科	苹果属	*Malus pumila* Mill.	交口乡张家原村
148	蕨麻	蔷薇科	委陵菜属	*Potentilla anserina* L.	坡头乡兰家沟村
149	二裂委陵菜	蔷薇科	委陵菜属	*Potentilla bifurca* L	坡头乡赵家沟村
150	委陵菜	蔷薇科	委陵菜属	*Potentilla chinensis* Ser.	芝河镇杨家庄村
151	多茎委陵菜	蔷薇科	委陵菜属	*Potentilla multicaulis* Bge.	芝河镇杨家庄村
152	绢毛匍匐委陵菜	蔷薇科	委陵菜属	*Potentilla reptans* L. var. *sericophylla* Franch.	芝河镇杨家庄村
153	蕤核	蔷薇科	扁核木属	*Prinsepia uniflora* Batal.	芝河镇杨家庄村
154	李	蔷薇科	李属	*Prunus salicina* Lindl.	芝河镇竹杆里村
155	杜梨	蔷薇科	梨属	*Pyrus betulifolia* Bunge	芝河镇竹杆里村
156	白梨	蔷薇科	梨属	*Pyrus bretschneideri* Rehd.	芝河镇竹杆里村
157	豆梨	蔷薇科	梨属	*Pyrus calleryana* Dcne.	芝河镇红花峁村
158	木梨	蔷薇科	梨属	*Pyrus xerophila* Yü	芝河镇石门山
159	月季花	蔷薇科	蔷薇属	*Rosa chinensis* Jacq.	芝河镇永义村
160	玫瑰	蔷薇科	蔷薇属	*Rosa rugosa* Thunb.	芝河镇响水湾村
161	黄刺玫	蔷薇科	蔷薇属	*Rosa xanthina* Lindl.	芝河镇响水湾村
162	多腺悬钩子	蔷薇科	悬钩子属	*Rubus phoenicolasius* Maxim.	南庄乡黑龙神圪塔
163	弓茎悬钩子	蔷薇科	悬钩子属	*Rubus flosculosus* Focke	南庄乡黑龙神圪塔
164	茅莓	蔷薇科	悬钩子属	*Rubus parvifolius* L.	南庄乡黑龙神圪塔
165	粉花绣线菊	蔷薇科	绣线菊属	*Spiraea japonica* L. f.	芝河镇永义村
166	土庄绣线菊	蔷薇科	绣线菊属	*Spiraea pubescens* Turcz.	桑壁镇双锁山
167	三裂绣线菊	蔷薇科	绣线菊属	*Spiraea trilobata* L	桑壁镇双锁山
168	合欢	豆科	合欢属	*Albizia julibrissin* Durazz.	芝河镇枣圪登村
169	紫穗槐	豆科	紫惠槐属	*Amorpha fruticosa* Linn.	芝河镇枣圪登村
170	落花生	豆科	落花生属	*Arachis hypogaea* Linn.	打石腰刘家山村
171	斜茎黄芪	豆科	黄芪属	*Astragalus adsurgens* Pall.	打石腰刘家山村
172	背扁黄芪	豆科	黄芪属	*Astragalus complanatus* Bunge	打石腰刘家山村
173	达乌里黄芪	豆科	黄芪属	*Astragalus dahuricus* (Pall.) DC.	芝河镇药家湾村

序号	基原中文种名	科名	属名	基原拉丁学名	采集地点
174	草木樨状黄芪	豆科	黄芪属	*Astragalus melilotoides* Pall.	芝河镇药家湾村
175	黄芪	豆科	黄芪属	*Astragalus membranaceus* (Fisch.) Bunge	芝河镇药家湾村
176	糙叶黄芪	豆科	黄芪属	*Astragalus scaberrimus* Bunge	打石腰直地里村
177	杭子梢	豆科	杭子梢属	*Campylotropis macrocarpa* (Bge.) Rehd.	打石腰直地里村
178	树锦鸡儿	豆科	锦鸡儿属	*Caragana arborescens* Lam.	坡头乡
179	柠条锦鸡儿	豆科	锦鸡儿属	*Caragana korshinskii* Kom.	桑壁镇石门山
180	秦晋锦鸡儿	豆科	锦鸡儿属	*Caragana purdomii* Rehd.	桑壁镇石门山
181	红花锦鸡儿	豆科	锦鸡儿属	*Caragana rosea* Turcz. ex Maxim.	桑壁镇双锁山
182	锦鸡儿	豆科	锦鸡儿属	*Caragana sinica* (Buc'hoz) Rehd.	桑壁镇双锁山
183	柄荚锦鸡儿	豆科	锦鸡儿属	*Caragana stipitata* Kom.	桑壁镇双锁山
184	紫荆	豆科	紫荆属	*Cercis chinensis* Bunge	芝河镇红花峁村
185	皂荚	豆科	皂荚属	*Gleditsia sinensis* Lam.	芝河镇红花峁村
186	绣球小冠花	豆科	小冠花属	*Coronilla varia*	芝河镇
187	大豆	豆科	大豆属	*Glycine max* (Linn.) Merr.	南庄贾盖山
188	野大豆	豆科	大豆属	*Glycine soja* Sieb. et Zucc.	南庄贾盖山
189	甘草	豆科	甘草属	*Glycyrrhiza uralensis* Fisch.	打石腰贺家河村
190	狭叶米口袋	豆科	米口袋属	*Gueldenstaedtia stenophylla* Bunge	交口乡可托村
191	米口袋	豆科	米口袋属	*Gueldenstaedtia verna* (Georgi) Boriss. subsp. *multiflora* (Bunge) Tsui	打石腰李家畔村
192	河北木蓝	豆科	木蓝属	*Indigofera bungeana* Walp.	打石腰乡打石腰村
193	甘肃木蓝	豆科	木蓝属	*Indigofera potaninii* Craib	打石腰乡打石腰村
194	扁豆	豆科	扁豆属	*Lablab purpureus* (Linn.) Sweet	芝河镇枣圪登村
195	山黧豆	豆科	山黧豆属	*Lathyrus quinquenervius* (Miq.) Litv.	南庄乡楼只山村
196	胡枝子	豆科	胡枝子属	*Lespedeza bicolor* Turcz.	坡头乡四十里山
197	截叶铁扫帚	豆科	胡枝子属	*Lespedeza cuneata* G. Don	南庄乡中山里村
198	短梗胡枝子	豆科	胡枝子属	*Lespedeza cyrtobotrya* Miq.	南庄乡中山里村
199	兴安胡枝子	豆科	胡枝子属	*Lespedeza daurica* (Laxm.) Schindl.	桑壁镇
200	多花胡枝子	豆科	胡枝子属	*Lespedeza floribunda* Bunge	桑壁镇
201	尖叶铁扫帚	豆科	胡枝子属	*Lespedeza juncea* (L. f.) Pers.	桑壁镇
202	绒毛胡枝子	豆科	胡枝子属	*Lespedeza tomentosa* (Thunb.) Sieb. ex Maxim.	南庄乡中山里村

序号	基原中文种名	科名	属名	基原拉丁学名	采集地点
203	细叶百脉根	豆科	百脉根属	*Lotus tenuis* Waldst. et Kit. ex Willd.	南庄乡中山里村
204	天蓝苜蓿	豆科	苜蓿属	*Medicago lupulina* L.	南庄乡中山里村
205	花苜蓿	豆科	苜蓿属	*Medicago ruthenica* (L.) Trautv.	南庄乡中山里村
206	紫苜蓿	豆科	苜蓿属	*Medicago sativa* L.	桑壁镇署益村
207	白花草木犀	豆科	草木樨属	*Melilotus albus* Medic. ex Desr.	桑壁镇署益村
208	草木樨	豆科	草木樨属	*Melilotus officinalis* (Linn.) Pall.	桑壁镇署益村
209	地角儿苗	豆科	棘豆属	*Oxytropis bicolor* Bunge	南庄大吉上村
210	硬毛棘豆	豆科	棘豆属	*Oxytropis fetissovii* Bunge	桑壁镇署益村
211	菜豆	豆科	菜豆属	*Phaseolus vulgaris* Linn.	坡头乡南岔村
212	刺槐	豆科	刺槐属	*Robinia pseudoacacia*	打石腰乡下山里村
213	白刺花	豆科	槐属	*Sophora davidii* (Franch.) Skeels	桑壁镇上桑壁村
214	苦参	豆科	槐属	*Sophora flavescens* Alt.	南庄大吉上村
215	槐	豆科	槐属	*Sophora japonica* Linn.	坡头乡李家崖村
216	龙爪槐	豆科	槐属	*Sophora japonica* Linn. var. *japonica* f. *pendula* Hort.	芝河镇公路段
217	苦马豆	豆科	苦马豆属	*Sphaerophysa salsula* (Pall.) DC.	桑壁镇上桑壁村
218	披针叶野决明	豆科	野决明属	*Thermopsis lanceolata* R. Br.	桑壁镇上桑壁村
219	红车轴草	豆科	车轴草属	*Trifolium pratense* L.	芝河镇延家河村
220	白车轴草	豆科	车轴草属	*Trifolium repens* L.	芝河镇延家河村
221	大花野豌豆	豆科	野豌豆属	*Vicia bungei* Ohwi	芝河镇延家河村
222	广布野豌豆	豆科	野豌豆属	*Vicia cracca* L.	芝河镇延家河村
223	赤豆	豆科	豇豆属	*Vigna angularis* (Willd.) Ohwi et Ohashi	打石腰马家岭村
224	绿豆	豆科	豇豆属	*Vigna radiata* (Linn.) Wilczek	南庄尖子山村
225	赤小豆	豆科	豇豆属	*Vigna umbellata* (Thunb.) Ohwi et Ohashi	南庄花腰里村
226	豇豆	豆科	豇豆属	*Vigna unguiculata* (Linn.) Walp.	南庄花腰里村
227	酢浆草	酢浆草科	酢浆草属	*Oxalis corniculata* L.	芝河镇延家河村
228	大花酢浆草	酢浆草科	酢浆草属	*Oxalis bowiei* Lindl.	芝河镇延家河村
229	牻牛儿苗	牻牛儿苗科	牻牛儿苗属	*Erodium stephanianum* Willd.	阁底乡雨林村

序号	基原中文种名	科名	属名	基原拉丁学名	采集地点
230	粗根老鹳草	牻牛儿苗科	老鹳草属	*Geranium dahuricum* DC.	阁底乡雨林村
231	鼠掌老鹳草	牻牛儿苗科	老鹳草属	*Geranium sibiricum* L.	阁底乡东庄村
232	蒺藜	蒺藜科	蒺藜属	*Tribulus terrester* L.	坡头乡岔上村
233	宿根亚麻	亚麻科	亚麻属	*Linum perenne* L.	交口乡高成村
234	野亚麻	亚麻科	亚麻属	*Linum stelleroides* Planch.	交口乡高成村
235	亚麻	亚麻科	亚麻属	*Linum usitatissimum* L.	交口乡高成村
236	乳浆大戟	大戟科	大戟属	*Euphorbia esula* L.	南庄乡中山里村
237	地锦	大戟科	大戟属	*Euphorbia humifusa* Willd. ex Schlecht.	阁底乡庄则坪村
238	大戟	大戟科	大戟属	*Euphorbia pekinensis* Rupr.	阁底乡乌华村
239	雀儿舌头	大戟科	黑钩叶属	*Leptopus chinensis* (Bunge) Pojark.	阁底乡乌华村
240	蓖麻	大戟科	蓖麻属	*Ricinus communis* L.	坡头乡上刘台村
241	地构叶	大戟科	地构叶属	*Speranskia tuberculata* (Bunge) Baill.	桑壁镇石门山
242	枳	芸香科	枳属	*Poncirus trifoliata* (L.) Raf.	芝河镇药家湾村
243	花椒	芸香科	花椒属	*Zanthoxylum bungeanum* Maxim.	阁底乡东征村
244	臭椿	苦木科	臭椿属	*Ailanthus altissima* (Mill.) Swingle	桑壁镇庄则坡村
245	米仔兰	楝科	米仔兰属	*Aglaia odorata* Lour.	芝河镇药家湾村
246	香椿	楝科	香椿属	*Toona sinensis* (A. Juss.) Roem.	南庄乡东北防护林
247	远志	远志科	远志属	*Polygala tenuifolia* Willd.	芝河镇延家河村
248	黄栌	漆树科	黄栌属	*Cotinus coggygria* Scop.	南庄乡红涯渠
249	火炬树	漆树科	盐肤木属	*Rhus typhina* L.	坡头乡土罗村
250	细裂槭	槭树科	槭属	*Acer stenolobum* Rehd.	坡头乡土罗村
251	元宝槭	槭树科	槭属	*Acer truncatum* Bunge	芝河镇
252	栾树	无患子科	栾树属	*Koelreuteria paniculata* Laxm.	打石腰高家山村
253	文冠果	无患子科	文冠果属	*Xanthoceras sorbifolium* Bunge	坡头乡土罗村
254	凤仙花	凤仙花科	凤仙花属	*Impatiens balsamina* L.	芝河镇药家湾村
255	枸骨	冬青科	冬青属	*Ilex cornuta* Lindl. et Paxt.	芝河镇
256	南蛇藤	卫矛科	南蛇藤属	*Celastrus orbiculatus* Thunb.	桑壁镇双锁山
257	冬青卫矛	卫矛科	卫矛属	*Euonymus japonicus* Thunb.	芝河镇

序号	基原中文种名	科名	属名	基原拉丁学名	采集地点
258	白杜	卫矛科	卫矛属	*Euonymus maackii* Rupr	芝河镇
259	黄杨	黄杨科	黄杨属	*Buxus sinica* (Rehd. et Wils.) Cheng	芝河镇
260	柳叶鼠李	鼠李科	鼠李属	*Rhamnus erythroxylon* Pall.	桑壁镇双锁山
261	圆叶鼠李	鼠李科	鼠李属	*Rhamnus globosa* Bunge	桑壁镇双锁山
262	枣	鼠李科	枣属	*Ziziphus jujuba* Mill.	南庄乡红涯渠
263	酸枣	鼠李科	枣属	*Ziziphus jujuba* Mill. var. *spinosa* (Bunge) Hu ex H. F. Chow	打石腰乡刘家山村
264	乌头叶蛇葡萄	葡萄科	蛇葡萄属	*Ampelopsis aconitifolia* Bunge	坡头乡官庄村
265	掌裂草葡萄	葡萄科	蛇葡萄属	*Ampelopsis aconitifolia* Bunge var. *palmiloba* (Carr.) Rehd	坡头乡官庄村
266	葎叶蛇葡萄	葡萄科	蛇葡萄属	*Ampelopsis humulifolia* Bge.	桑壁镇双锁山
267	五叶地锦	葡萄科	地锦属	*Parthenocissus quinquefolia* (L.) Planch.	坡头乡坡头村
268	葡萄	葡萄科	葡萄属	*Vitis vinifera* L.	坡头乡坡头村
269	苘麻	锦葵科	苘麻属	*Abutilon theophrasti* Medicus	交口乡楼山
270	蜀葵	锦葵科	蜀葵属	*Althaea rosea* (Linn.) Cavan.	南庄乡红涯渠
271	陆地棉	锦葵科	棉属	*Gossypium hirsutum* Linn.	南庄乡红涯渠
272	朱槿	锦葵科	木槿属	*Hibiscus rosa-sinensis* Linn.	芝河镇
273	木槿	锦葵科	木槿属	*Hibiscus syriacus* Linn.	桑壁镇双锁山
274	野西瓜苗	锦葵科	木槿属	*Hibiscus trionum* Linn.	南庄乡红涯渠
275	锦葵	锦葵科	锦葵属	*Malva sinensis* Cavan.	南庄乡红涯渠
276	野葵	锦葵科	锦葵属	*Malva verticillata* Linn.	交口乡楼山
277	草瑞香	瑞香科	粟麻属	*Diarthron linifolium* Turcz.	交口乡楼山
278	河朔荛花	瑞香科	荛花属	*Wikstroemia chamaedaphne* Meisn.	南庄乡大寨林
279	翅果油树	胡颓子科	胡颓子属	*Elaeagnus mollis* Diels	芝河镇石门山
280	牛奶子	胡颓子科	胡颓子属	*Elaeagnus umbellata* Thunb.	芝河镇石门山
281	中国沙棘	胡颓子科	沙棘属	*Hippophae rhamnoides* L. subsp. *sinensis* Rousi	芝河镇石门山
282	南山堇菜	堇菜科	堇菜属	*Viola chaerophylloides* (Regel) W. Beck.	芝河镇石门山
283	球果堇菜	堇菜科	堇菜属	*Viola collina* Bess.	芝河镇石门山
284	紫花地丁	堇菜科	堇菜属	*Viola philippica* Cav.	坡头乡川口村
285	早开堇菜	堇菜科	堇菜属	*Viola prionantha* Bunge	坡头乡川口村

序号	基原中文种名	科名	属名	基原拉丁学名	采集地点
286	斑叶堇菜	堇菜科	堇菜属	*Viola variegata* Fisch ex Link	坡头乡官庄村
287	柽柳	柽柳科	柽柳属	*Tamarix chinensis* Lour.	坡头乡永平庄
288	冬瓜	葫芦科	冬瓜属	*Benincasa hispida* (Thunb.) Cogn.	交口乡下坡里村
289	西瓜	葫芦科	西瓜属	*Citrullus lanatus* (Thunb.) Matsum. et Nakai	交口乡下坡里村
290	甜瓜	葫芦科	黄瓜属	*Cucumis melo* L.	交口乡下坡里村
291	黄瓜	葫芦科	黄瓜属	*Cucumis sativus* L.	打石腰乡马家河村
292	南瓜	葫芦科	南瓜属	*Cucurbita moschata* (Duch. ex Lam.) Duch. ex Poiret	打石腰乡段家山村
293	西葫芦	葫芦科	南瓜属	*Cucurbita pepo* L.	芝河李家渠村
294	丝瓜	葫芦科	丝瓜属	*Luffa cylindrica* (L.) Roem.	芝河李家渠村
295	苦瓜	葫芦科	苦瓜属	*Momordica charantia* L.	芝河李家渠村
296	赤瓟	葫芦科	赤瓟属	*Thladiantha dubia* Bunge	坡头乡南岔村
297	栝楼	葫芦科	栝楼属	*Trichosanthes kirilowii* Maxim.	坡头乡官庄村
298	紫薇	千屈菜科	紫薇属	*Lagerstroemia indica* L.	芝河李家渠村
299	石榴	石榴科	石榴属	*Punica granatum* L.	芝河李家渠村
300	毛脉柳叶菜	柳叶菜科	柳叶菜属	*Epilobium amurense* Hausskn.	芝河镇石门山
301	柳叶菜	柳叶菜科	柳叶菜属	*Epilobium hirsutum* L	坡头乡兰家沟村
302	小花柳叶菜	柳叶菜科	柳叶菜属	*Epilobium parviflorum* Schreber	坡头乡兰家沟村
303	山茱萸	山茱萸科	山茱萸属	*Cornus officinalis* Sieb. et Zucc.	坡头乡交道沟
304	红瑞木	山茱萸科	楝木属	*Swida alba* Opiz	芝河镇药家湾村
305	旱芹	伞形科	芹属	*Apium graveolens* L.	芝河镇药家湾村
306	北柴胡	伞形科	柴胡属	*Bupleurum chinense* DC.	芝河镇石门山
307	葛缕子	伞形科	葛缕子属	*Carum carvi* L.	芝河镇石门山
308	蛇床	伞形科	蛇床属	*Cnidium monnieri* (L.) Cuss.	芝河镇药家湾村
309	芫荽	伞形科	芫荽属	*Coriandrum sativum* L.	芝河镇药家湾村
310	胡萝卜	伞形科	胡萝卜属	*Daucus carota* L. var. *sativa* Hoffm.	芝河镇药家湾村
311	水芹	伞形科	水芹属	*Oenanthe javanica* (Bl.) DC.	坡头乡兰家沟村
312	华北前胡	伞形科	前胡属	*Peucedanum harry-smithii* Fedde ex Wolff	芝河镇石门山
313	防风	伞形科	防风属	*Saposhnikovia divaricata* (Trucz.) Schischk.	南庄白家腰村
314	小窃衣	伞形科	窃衣属	*Torilis japonica* (Houtt.) DC.	坡头乡四十里山

序号	基原中文种名	科名	属名	基原拉丁学名	采集地点
315	大苞点地梅	报春花科	点地梅属	*Androsace maxima* L.	坡头乡坡头村
316	点地梅	报春花科	点地梅属	*Androsace umbellata* (Lour.) Merr.	坡头乡兰家沟村
317	虎尾草	报春花科	珍珠菜属	*Lysimachia barystachys* Bunge	坡头乡兰家沟村
318	狭叶珍珠菜	报春花科	珍珠菜属	*Lysimachia pentapetala* Bunge	芝河镇闫家腰村
319	二色补血草	蓝雪科	补血草属	*Limonium bicolor* (Bag.) Kuntze	芝河镇下罢古村
320	柿	柿科	柿属	*Diospyros kaki* Thunb.	坡头乡兰家沟村
321	连翘	木犀科	连翘属	*Forsythia suspensa* (Thunb.) Vahl	南庄乡三北防护林
322	金钟花	木犀科	连翘属	*Forsythia viridissima* Lindl.	芝河镇康协路
323	白蜡树	木犀科	梣属	*Fraxinus chinensis* Roxb.	桑壁镇石门山
324	女贞	木犀科	女贞属	*Ligustrum lucidum* Ait.	芝河镇康协路
325	小叶女贞	木犀科	女贞属	*Ligustrum quihoui* Carr.	芝河镇康协路
326	紫丁香	木犀科	丁香属	*Syringa oblata* Lindl.	桑壁镇石门山
327	暴马丁香	木犀科	丁香属	*Syringa reticulata* (Blume) Hara var. *amurensis* (Rupr.) Pringle	坡头乡四十里山
328	互叶醉鱼草	马钱科	醉鱼草属	*Buddleja alternifolia* Maxim.	坡头乡四十里山
329	百金花	龙胆科	百金花属	*Centaurium pulchellum* (Swartz) Druce var. *altaicum* Moench	芝河镇刘台村
330	鳞叶龙胆	龙胆科	龙胆属	*Gentiana squarrosa* Ledeb.	桑壁镇双锁山
331	獐牙菜	龙胆科	獐牙菜属	*Swertia bimaculata* (Sieb. et Zucc.) Hook. f. et Thoms. ex C. B. Clarke	坡头乡四十里山
332	北方獐牙菜	龙胆科	獐牙菜属	*Swertia diluta* (Turcz.) Benth. et Hook. f.	坡头乡四十里山
333	罗布麻	夹竹桃科	罗布麻属	*Apocynum venetum* L.	芝河镇咀河沙滩
334	牛皮消	萝藦科	鹅绒藤属	*Cynanchum auriculatum* Royle ex Wight	南庄乡大寨林
335	白首乌	萝藦科	鹅绒藤属	*Cynanchum bungei* Decne.	桑壁镇双锁山
336	鹅绒藤	萝藦科	鹅绒藤属	*Cynanchum chinense* R. Br.	南庄乡白家腰村
337	华北白前	萝藦科	鹅绒藤属	*Cynanchum hancockianum* (Maxim.) Al. Iljinski	阁底乡咀头村
338	徐长卿	萝藦科	鹅绒藤属	*Cynanchum paniculatum* (Bunge) Kitagawa	阁底乡咀头
339	地梢瓜	萝藦科	鹅绒藤属	*Cynanchum thesioides* (Freyn) K. Schum.	桑壁镇双锁山
340	萝藦	萝藦科	萝藦属	*Metaplexis japonica* (Thunb.) Makino	坡头乡坡头村
341	杠柳	萝藦科	杠柳属	*Periploca sepium* Bunge	交口乡张家原村
342	茜草	茜草科	茜草属	*Rubia cordifolia* L.	坡头乡土罗村

序号	基原中文种名	科名	属名	基原拉丁学名	采集地点
343	打碗花	旋花科	打碗花属	*Calystegia hederacea* Wall.ex.Roxb.	坡头乡土罗村
344	藤长苗	旋花科	打碗花属	*Calystegia pellita* (Ledeb.) G. Don	坡头乡土罗村
345	田旋花	旋花科	旋花属	*Convolvulus arvensis* L.	芝河镇城区
346	菟丝子	旋花科	菟丝子属	*Cuscuta chinensis* Lam.	坡头乡官庄村
347	金灯藤	旋花科	菟丝子属	*Cuscuta japonica* Choisy	芝河镇北庄山
348	番薯	旋花科	番薯属	*Ipomoea batatas* (L.) Lam.	坡头乡坡头村
349	北鱼黄草	旋花科	鱼黄草属	*Merremia sibirica* (L.) Hall. f.	坡头乡四十里山
350	牵牛	旋花科	牵牛属	*Pharbitis nil* (L.) Choisy	芝河镇药家湾
351	圆叶牵牛	旋花科	牵牛属	*Pharbitis purpurea* (L.) Voisgt	坡头乡官庄村
352	狭苞斑种草	紫草科	斑种草属	*Bothriospermum kusnezowii* Bge.	南庄乡大吉上村
353	大果琉璃草	紫草科	琉璃草属	*Cynoglossum divaricatum* Stapf	芝河镇闫家腰
354	异刺鹤虱	紫草科	鹤虱属	*Lappula heteracantha* (Ledeb.) Gurke	坡头乡交道沟
355	鹤虱	紫草科	鹤虱属	*Lappula myosotis* V. Wolf	桑壁镇双锁山
356	细叶砂引草	紫草科	砂引草属	*Messerschmidia sibirica* L. var. *angustior* (DC.) W. T. Wang	阁底乡咀头村
357	紫筒草	紫草科	紫筒草属	*Stenosolenium saxatile* (Pall.) Turcz.	芝河镇药家湾
358	附地菜	紫草科	附地菜属	*Trigonotis peduncularis* (Trev.) Benth. ex Baker et Moore	芝河镇闫家腰
359	荆条	马鞭草科	牡荆属	*Vitex negundo* L. var. *heterophylla* (Franch.) Rehd.	打石腰花儿坡
360	筋骨草	唇形科	筋骨草属	*Ajuga ciliata* Bunge	坡头乡茶布山
361	水棘针	唇形科	水棘针属	*Amethystea caerulea* Linn.	芝河镇上塔沟
362	香青兰	唇形科	青兰属	*Dracocephalum moldavica* L.	桑壁镇双锁山
363	香薷	唇形科	香薷属	*Elsholtzia ciliata* (Thunb.) Hyland.	桑壁镇双锁山
364	夏至草	唇形科	夏至草属	*Lagopsis supina* (Steph.) Ik.-Gal.	桑壁镇双锁山
365	野芝麻	唇形科	野芝麻属	*Lamium barbatum* Sieb. et Zucc.	打石腰乡刘家山村
366	益母草	唇形科	益母草属	*Leonurus artemisia* (Laur.) S. Y. Hu	打石腰乡刘家山村
367	细叶益母草	唇形科	益母草属	*Leonurus sibiricus* L.	坡头乡茶布山
368	薄荷	唇形科	薄荷属	*Mentha haplocalyx* Briq.	坡头乡白家崖村
369	紫苏	唇形科	紫苏属	*Perilla frutescens* (L.) Britt.	芝河镇薛马岔村

序号	基原中文种名	科名	属名	基原拉丁学名	采集地点
370	糙苏	唇形科	糙苏属	*Phlomis umbrosa* Turcz.	坡头乡茶布山
371	丹参	唇形科	鼠尾草属	*Salvia miltiorrhiza* Bunge	桑壁镇狗头山
372	一串红	唇形科	鼠尾草属	*Salvia splendens* Ker-Gawl.	芝河镇康协路
373	荫生鼠尾草	唇形科	鼠尾草属	*Salvia umbratica* Hance	坡头乡四十里山
374	裂叶荆芥	唇形科	裂叶荆芥属	*Schizonepeta tenuifolia* (Benth.) Briq.	坡头乡四十里山
375	黄芩	唇形科	黄芩属	*Scutellaria baicalensis* Georgi	南庄乡白家腰村
376	并头黄芩	唇形科	黄芩属	*Scutellaria scordifolia* Fisch. ex Schrenk.	坡头乡川口村
377	甘露子	唇形科	水苏属	*Stachys sieboldii* Miq.	打石腰乡刘家山村
378	百里香	唇形科	百里香属	*Thymus mongolicus* Ronn.	坡头乡坡头村
379	辣椒	茄科	辣椒属	*Capsicum annuum* L.	坡头乡坡头村
380	朝天椒	茄科	辣椒属	*Capsicum annuum* L. var. *conoides* (Mill.) Irish	坡头乡坡头村
381	曼陀罗	茄科	曼陀罗属	*Datura stramonium* Linn.	芝河镇薛马岔村
382	天仙子	茄科	天仙子属	*Hyoscyamus niger* L.	坡头乡白家崖村
383	枸杞	茄科	枸杞属	*Lycium chinense* Mill.	打石腰乡贺家腰村
384	番茄	茄科	蕃茄属	*Lycopersicon esculentum* Mill.	坡头乡坡头村
385	假酸浆	茄科	假酸浆属	*Nicandra physalodes* (Linn.) Gaertn.	芝河镇药家湾村
386	碧冬茄	茄科	茄属	*Petunia hybrida* Vilm.	芝河镇药家湾村
387	茄	茄科	茄属	*Solanum melongena* L.	坡头乡坡头村
388	龙葵	茄科	茄属	*Solanum nigrum* L.	打石腰乡贺家腰村
389	青杞	茄科	茄属	*Solanum septemlobum* Bunge	桑壁镇石门山
390	阳芋	茄科	茄属	*Solanum tuberosum* L.	交口乡下坡里村
391	蒙古芯芭	玄参科	芯芭属	*Cymbaria mongolica* Maxim.	阁底乡马家湾村
392	光泡桐	玄参科	泡桐属	*Paulownia tomentosa* (Thunb.) Steud. var. *tsinlingensis* (Pai) Gong Tong	交口乡下可若村
393	松蒿	玄参科	松蒿属	*Phtheirospermum japonicum* (Thunb.) Kanitz	桑壁镇狗头山
394	地黄	玄参科	地黄属	*Rehmannia glutinosa* (Gaetn.) Libosch. ex Fisch. et Mey.	芝河镇前圪登村
395	阴行草	玄参科	阴行草属	*Siphonostegia chinensis* Benth.	桑壁镇石门山
396	毛蕊花	玄参科	毛蕊花属	*Verbascum thapsus* L.	桑壁镇狗头山

序号	基原中文种名	科名	属名	基原拉丁学名	采集地点
397	北水苦荬	玄参科	婆婆纳属	*Veronica anagallis-aquatica* L.	芝河镇前圪登村
398	水蔓菁	玄参科	婆婆纳属	*Veronica linariifolia* Pall. ex Link subsp. *dilatata* (Nakai et Kitagawa) D. Y. Hong	坡头乡茶布山
399	楸	紫葳科	梓属	*Catalpa bungei* C. A. Mey.	芝河镇龙口湾村
400	灰楸	紫葳科	梓属	*Catalpa fargesii* Bur.	芝河镇龙口湾村
401	梓	紫葳科	梓属	*Catalpa ovata* Don	芝河镇龙口湾村
402	角蒿	紫葳科	角蒿属	*Incarvillea sinensis* Lam.	芝河镇闫家腰村
403	角蒿	紫葳科	角蒿属	*Incarvillea sinensis* Lam.	坡头乡岔口村
404	芝麻	胡麻科	胡麻属	*Sesamum indicum* L.	交口乡索珠村
405	列当	列当科	列当属	*Orobanche coerulescens* Steph.	桑壁镇双锁山
406	黄花列当	列当科	列当属	*Orobanche pycnostachya* Hance	芝河镇交淘沟
407	车前	车前科	车前属	*Plantago asiatica* L.	坡头乡南岔村
408	平车前	车前科	车前属	*Plantago depressa* Willd.	芝河镇后圪登村
409	大车前	车前科	车前属	*Plantago major* L.	芝河镇石门山
410	忍冬	忍冬科	忍冬属	*Lonicera japonica* Thunb.	打石腰乡花儿坡
411	金银忍冬	忍冬科	忍冬属	*Lonicera maackii* (Rupr.) Maxim.	坡头乡白家崖
412	陕西荚蒾	忍冬科	荚蒾属	*Viburnum schensianum* Maxim.	桑壁镇堡则村
413	半边月	忍冬科	锦带花属	*Weigela japonica* Thunb. var. *sinica* (Rehd.) Bailey	芝河镇药家湾
414	墓头回	败酱科	败酱属	*Patrinia heterophylla* Bunge	桑壁镇石门山
415	岩败酱	败酱科	败酱属	*Patrinia rupestris* (Pall.) Juss.	坡头乡四十里山
416	日本续断	川续断科	川续断属	*Dipsacus japonicus* Miq.	桑壁镇东索基
417	杏叶沙参	桔梗科	沙参属	*Adenophora hunanensis* Nannf.	芝河镇深腰里
418	细叶沙参	桔梗科	沙参属	*Adenophora paniculata* Nannf.	坡头乡土罗村
419	秦岭沙参	桔梗科	沙参属	*Adenophora petiolata* Pax et Hoffm.	芝河镇深腰里
420	石沙参	桔梗科	沙参属	*Adenophora polyantha* Nakai	桑壁镇双锁山
421	多歧沙参	桔梗科	沙参属	*Adenophora wawreana* Zahlbr.	坡头乡土罗村
422	桔梗	桔梗科	桔梗属	*Platycodon grandiflorus* (Jacq.) A. DC.	芝河镇石门山
423	疏生香青	菊科	香青属	*Anaphalis sinica* Hance var. *remota* Ling	南庄乡永和关河滩
424	牛蒡	菊科	牛蒡属	*Arctium lappa* L.	坡头乡官庄村
425	黄花蒿	菊科	蒿属	*Artemisia annua* Linn.	坡头乡官庄村
426	艾	菊科	蒿属	*Artemisia argyi* Levl. et Van.	坡头乡四十里山

序号	基原中文种名	科名	属名	基原拉丁学名	采集地点
427	五月艾	菊科	蒿属	*Artemisia indices* Willd.	芝河镇杜家庄村
428	野艾蒿	菊科	蒿属	*Artemisia lavandulaefolia* DC.	芝河镇杜家庄村
429	白莲蒿	菊科	蒿属	*Artemisia sacrorum* Ledeb.	芝河镇杜家庄村
430	猪毛蒿	菊科	蒿属	*Artemisia scoparia* Waldst. et Kit.	桑壁镇石门山
431	大籽蒿	菊科	蒿属	*Artemisia sieversiana* Ehrhart ex Willd.	阁底东征村
432	三脉紫菀	菊科	紫菀属	*Aster ageratoides* Turcz.	桑壁镇石门山
433	苍术	菊科	苍术属	*Atractylodes Lancea* (Thunb.) DC.	桑壁镇石门山
434	金盏银盘	菊科	鬼针草属	*Bidens biternata* (Lour.) Merr. et Sherff	阁底乡阁底村
435	小花鬼针草	菊科	鬼针草属	*Bidens parviflora* Willd.	芝河镇药家湾
436	狼杷草	菊科	鬼针草属	*Bidens tripartita* L.	坡头乡渠底村
437	金盏花	菊科	金盏花属	*Calendula officinalis* L.	芝河镇康谐路
438	翠菊	菊科	翠菊属	*Callistephus chinensis* (L.) Nees	芝河镇康谐路
439	节毛飞廉	菊科	飞廉属	*Carduus acanthoides* Linn.	桑壁镇石门山
440	飞廉	菊科	飞廉属	*Carduus nutans* L.	桑壁镇石门山
441	蒿子杆	菊科	茼蒿属	*Chrysanthemum carinatum* Scbousb.	坡头乡坡头村
442	烟管蓟	菊科	蓟属	*Cirsium pendulum* Fisch. ex DC.	坡头乡渠底村
443	刺儿菜	菊科	蓟属	*Cirsium setosum* (Willd.) MB.	芝河镇药家湾
444	牛口刺	菊科	蓟属	*Cirsium shansiense* Petrak	坡头乡白家崖
445	小蓬草	菊科	白酒草属	*Conyza canadensis* (L.) Cronq.	交口乡小南楼村
446	剑叶金鸡菊	菊科	金鸡菊	*Coreopsis lanceolata* L.	芝河镇药家湾
447	秋英	菊科	秋英属	*Cosmos bipinnata* Cav.	芝河镇下刘台村
448	北方还阳参	菊科	还阳参属	*Crepis crocea* (Lam.) Babcock	坡头乡坡头村
449	大丽花	菊科	大丽花属	*Dahlia pinnata* Cav.	坡头乡坡头村
450	甘菊	菊科	菊属	*Dendranthema lavandulifolium* (Fisch. ex Trautv.) Ling & Shih	交口乡楼山
451	菊花	菊科	菊属	*Dendranthema morifolium* (Ramat.) Tzvel.	芝河镇药家湾
452	委陵菊	菊科	菊属	*Dendranthema potentilloides* (Hand.-Mazz.) Shih	桑壁镇狗头山
453	紫花野菊	菊科	菊属	*Dendranthema zawadskii* (Herb.) Tzvel.	交口乡狗头山
454	线叶菊	菊科	线叶菊属	*Filifolium sibiricum* (L.) Kitam.	南庄乡永和关河滩
455	天人菊	菊科	天人菊属	*Gaillardia pulchella* Foug.	交口乡下可若村

序号	基原中文种名	科名	属名	基原拉丁学名	采集地点
456	大丁草	菊科	大丁草属	*Gerbera anandria* (L.) Sch.-Bip.	南庄乡大寨林
457	向日葵	菊科	向日葵属	*Helianthus annuus* L.	交口乡下右若村
458	菊芋	菊科	向日葵属	*Helianthus tuberosus* L.	芝河镇上塔沟
459	泥胡菜	菊科	泥胡菜属	*Hemistepta lyrata* (Bunge) Bunge	芝河镇上塔沟
460	狗娃花	菊科	狗娃花属	*Heteropappus hispidus* (Thunb.) Less.	打石腰乡花儿坡
461	欧亚旋覆花	菊科	旋覆花属	*Inula britanica* L.	芝河镇石门山
462	旋覆花	菊科	旋覆花属	*Inula japonica* Thunb.	芝河镇药家湾
463	中华小苦荬	菊科	小苦荬属	*Ixeridium chinense* (Thunb.) Tzvel.	坡头乡岔口村
464	抱茎小苦荬	菊科	小苦荬属	*Ixeridium sonchifolium* (Maxim.) Shih	南庄乡大寨林
465	山马兰	菊科	马兰属	*Kalimeris lautureana* (Debx.) Kitam.	芝河镇北庄山
466	全叶马兰	菊科	马兰属	*Kalimeris integrifolia* Turcz. ex DC.	打石腰乡花儿坡
467	莴苣	菊科	莴苣属	*Lactuca sativa* L.	南庄乡刘家山村
468	生菜	菊科	莴苣属	*Lactuca sativa* L. var. *ramosa* Hort.	坡头乡
469	火绒草	菊科	火绒草属	*Leontopodium leontopodioides* (Willd.) Beauv.	芝河镇石门山
470	掌叶橐吾	菊科	橐吾属	*Ligularia przewalskii* (Maxim.) Diels	坡头乡渠底村
471	乳苣	菊科	乳苣属	*Mulgedium tataricum* (L.) DC	芝河镇石门山
472	毛连菜	菊科	毛莲菜属	*Picris hieracioides* L.	芝河镇石门山
473	多裂翅果菊	菊科	翅果菊属	*Pterocypsela laciniata* (Houtt.) Shih	芝河镇红花峁村
474	黑心金光菊	菊科	金光菊属	*Rudbeckia hirta* L.	芝河镇红花峁村
475	风毛菊	菊科	风毛菊属	*Saussurea japonica* (Thunb.) DC.	打石腰乡花儿坡
476	蒙古风毛菊	菊科	风毛菊属	*Saussurea mongolica* (Franch.) Franch.	打石腰乡花儿坡
477	鸦葱	菊科	鸦葱属	*Scorzonera austriaca* Willd.	打石腰乡花儿坡
478	拐轴鸦葱	菊科	鸦葱属	*Scorzonera divaricata* Turcz.	打石腰乡花儿坡
479	桃叶鸦葱	菊科	鸦葱属	*Scorzonera sinensis* Lipsch. et Krasch. ex Lipsch.	打石腰乡花儿坡
480	额河千里光	菊科	千里光属	*Senecio argunensis* Turcz.	坡头乡四十里山
481	苣荬菜	菊科	苦苣菜属	*Sonchus arvensis* L.	芝河镇石门山
482	苦苣菜	菊科	苦苣菜属	*Sonchus oleraceus* L.	芝河镇芝河滩
483	漏芦	菊科	漏芦属	*Stemmacantha uniflora* (L.) Dittrich	芝河镇交道沟村
484	万寿菊	菊科	万寿菊属	*Tagetes erecta* L.	阁底乡东征村
485	孔雀草	菊科	万寿菊属	*Tagetes patula* L.	芝河镇川口村

序号	基原中文种名	科名	属名	基原拉丁学名	采集地点
486	蒲公英	菊科	蒲公英属	*Taraxacum mongolicum* Hand.-Mazz.	芝河镇川口村
487	款冬	菊科	款冬属	*Tussilago farfara* L.	桑壁镇石门山
488	蒙古苍耳	菊科	苍耳属	*Xanthium mongolicum* Kitag.	阁底乡
489	苍耳	菊科	苍耳属	*Xanthium sibiricum* Patrin ex Widder	坡头乡坡头桥
490	百日菊	菊科	百日菊属	*Zinnia elegans* Jacq.	交口乡高成村
491	泽泻	泽泻科	泽泻属	*Alisma plantago-aquatica* Linn.	坡头乡渠底村
492	水麦冬	水麦冬科	水麦冬属	*Triglochin palustre* Linn.	坡头乡四十里山
493	穿叶眼子菜	眼子菜科	眼子菜属	*Potamogeton perfoliatus* L.	芝河镇交道沟村
494	葱	百合科	葱属	*Allium fistulosum* L.	芝河镇交道沟村
495	薤白	百合科	葱属	*Allium macrostemon* Bunge	坡头乡孙家庄村
496	野韭	百合科	葱属	*Allium ramosum* L.	坡头乡土罗村
497	蒜	百合科	葱属	*Allium sativum* L.	芝河镇城区
498	细叶韭	百合科	葱属	*Allium tenuissimum* L.	桑壁镇石门山
499	韭	百合科	葱属	*Allium tuberosum* Rottl. ex Spreng.	芝河镇药家湾
500	羊齿天门冬	百合科	天门冬属	*Asparagus filicinus* D. Don	桑壁镇狗头山
501	长花天门冬	百合科	天门冬属	*Asparagus longiflorus* Franch.	桑壁镇石门山
502	曲枝天门冬	百合科	天门冬属	*Asparagus trichophyllus* Bunge	桑壁镇石门山
503	吊兰	百合科	吊兰属	*Chlorophytum comosum* (Thunb.) Baker	芝河镇城区
504	黄花菜	百合科	萱草属	*Hemerocallis citrina* Baroni	芝河镇城区
505	萱草	百合科	萱草属	*Hemerocallis fulva* (L.) L.	芝河镇城区
506	山丹	百合科	百合属	*Lilium pumilum* DC.	桑壁镇石门山
507	小玉竹	百合科	黄精属	*Polygonatum humile* Fisch. ex Maxim.	坡头乡茶布山
508	大苞黄精	百合科	黄精属	*Polygonatum megaphyllum* P. Y. Li	桑壁镇石门山
509	黄精	百合科	黄精属	*Polygonatum sibiricum* Delar. ex Redoute	坡头乡茶布山
510	轮叶黄精	百合科	黄精属	*Polygonatum verticillatum*	桑壁镇石门山
511	知母	龙舌兰科	知母属	*Anemarrhena asphodeloides* Bunge	坡头乡坡头村
512	凤尾丝兰	龙舌兰科	丝兰属	*Yucca gloriosa* Linn.	芝河镇城区
513	穿龙薯蓣	薯蓣科	薯蓣属	*Dioscorea nipponica* Makino	桑壁镇井阳沟村
514	射干	鸢尾科	射干属	*Belamcanda chinensis* (L.) Redouté	芝河镇药家湾村
515	野鸢尾	鸢尾科	鸢尾属	*Iris dichotoma* Pall.	坡头乡茶布山
516	马蔺	鸢尾科	鸢尾属	*Iris lactea* Pall. var. *chinensis* (Fisch.) Koidz.	芝河镇药家湾村

序号	基原中文种名	科名	属名	基原拉丁学名	采集地点
517	矮紫苞鸢尾	鸢尾科	鸢尾属	*Iris ruthenica* Ker.-Gawl. var. *nana* Maxim.	坡头乡茶布山
518	鸢尾	鸢尾科	鸢尾属	*Iris tectorum* Maxim.	芝河镇城区
519	扁茎灯心草	灯芯草科	灯芯草属	*Juncus compressus* Jacq.	芝河镇城区
520	荩草	禾本科	荩属	*Arthraxon hispidus* (Thunb.) Makino	坡头乡四十里山
521	莜麦	禾本科	燕麦属	*Avena chinensis* (Fisch. ex Roem. et Schult.) Metzg.	坡头乡四十里山
522	野燕麦	禾本科	燕麦属	*Avena fatua* L.	坡头乡四十里山
523	白羊草	禾本科	孔颖草属	*Bothriochloa ischaemum* (L.) Keng	打石腰乡花儿坡
524	雀麦	禾本科	雀麦属	*Bromus japonicus* Thunb. ex Murr.	芝河镇闫家腰
525	虎尾草	禾本科	虎尾草属	*Chloris virgata* Sw.	打石腰乡花儿坡
526	牛筋草	禾本科	䅟属	*Eleusine indica* (L.) Gaertn.	打石腰乡花儿坡
527	知风草	禾本科	画眉草属	*Eragrostis ferruginea* (Thunb.) Beauv.	打石腰乡花儿坡
528	画眉草	禾本科	画眉草属	*Eragrostis pilosa* (L.) Beauv.	打石腰乡花儿坡
529	白茅	禾本科	白茅属	*Imperata cylindrica* (L.) Beauv.	芝河镇杜家庄村
530	羊草	禾本科	赖草属	*Leymus chinensis* (Trin.) Tzvel.	芝河镇闫家腰
531	赖草	禾本科	赖草属	*Leymus secalinus* (Georgi) Tzvel.	芝河镇城东山
532	稷（黍）	禾本科	黍属	*Panicum miliaceum* L.	南庄楼只山村
533	狼尾草	禾本科	狼尾草属	*Pennisetum alopecuroides* (L.) Spreng.	芝河镇药家湾
534	白草	禾本科	狼尾草属	*Pennisetum centrasiaticum* Tzvel.	芝河镇杜家庄村
535	芦苇	禾本科	芦苇属	*Phragmites australis* (Cav.) Trin. ex Steud.	芝河镇杜家庄村
536	金色狗尾草	禾本科	狗尾草属	*Setaria glauca* (L.) Beauv.	坡头乡永平庄
537	梁	禾本科	狗尾草属	*Setaria italica* (L.) Beauv.	南庄乡大吉上村
538	粟	禾本科	狗尾草属	*Setaria italica* (L.) Beauv. var. *germanica* (Mill.) Schrad.	南庄乡大吉上村
539	狗尾草	禾本科	狗尾草属	*Setaria viridis* (L.) Beauv.	芝河镇闫家腰
540	高粱	禾本科	高粱属	*Sorghum bicolor* (L.) Moench	芝河镇城东山
541	大油芒	禾本科	大油芒属	*Spodiopogon sibiricus* Trin.	芝河镇城东山
542	荻	禾本科	荻属	*Triarrhena sacchariflora* (Maxim.) Nakai	芝河镇城东山
543	普通小麦	禾本科	小麦属	*Triticum aestivum* L.	打石腰乡李家畔村

序号	基原中文种名	科名	属名	基原拉丁学名	采集地点
544	玉蜀黍	禾本科	玉蜀黍属	*Zea mays* L.	坡头乡永平庄
545	无苞香蒲	香蒲科	香蒲属	*Typha laxmannii* Lepech.	河镇药家湾
546	小香蒲	香蒲科	香蒲属	*Typha minima* Funk.	坡头乡岔口村
547	香附子	莎草科	莎草属	*Cyperus rotundus* L.	芝河镇下刘台村
548	扁秆藨草	莎草科	藨草属	*Scirpus planiculmis* Fr. Schmidt	芝河镇刘台村
549	柔瓣美人蕉	美人蕉科	美人蕉属	*Canna flaccida* Salisb.	芝河镇刘台村
550	美人蕉	美人蕉科	美人蕉属	*Canna indica* L.	芝河镇刘台村
551	火烧兰	兰科	火烧兰属	*Epipactis helleborine* (L.) Crantz	坡头乡四十里山
552	角盘兰	兰科	角盘兰属	*Herminium monorchis* (L.) R. Br.	桑壁镇楼山
553	二叶兜被兰	兰科	兜被兰属	*Neottianthe cucullata* (L.) Schltr.	芝河镇深腰里
554	绶草	兰科	绶草属	*Spiranthes sinensis* (Pers.) Ames	芝河镇深腰里

（二）永和县中药资源普查名录（菌、藻、苔藓、地衣类）

序号	基原中文种名	科名	属名	基原拉丁学名	采集地点
1	地木耳	念珠藻科	念珠藻属	*Nostoc commune* Vauch.	坡头乡四十里山
2	禾生指梗霉	霜霉科	指梗霉属	*Solorospora guamisicola* Schroet	坡头乡坡头村
3	麦角	麦角科	麦角菌属	*Claviceps purpurea* (Fr.)Tul.	坡头乡坡头村
4	羊肚菌	羊肚菌科	羊肚菌属	*Morchella esculenta* (L.)Pers.	坡头乡坡头村
5	高粱黑粉菌	黑粉菌科	黑粉菌属	*Sphacelotheca sorghi* (Link)Clint.	坡头乡坡头村
6	粟黑粉菌	黑粉菌科	黑粉菌属	*Ustilago crameri* Koern.	坡头乡坡头村
7	玉米黑粉菌	黑粉菌科	黑粉菌属	*Ustilago maydis* (DC.) Corda	坡头乡坡头村
8	麦散黑粉菌	黑粉菌科	黑粉菌属	*Ustilago nuda*(Jens.)Rostr.	坡头乡四十里山
9	木耳	木耳科	木耳属	*Auricularia auricula*(L.ex Hook.)Underw.	坡头乡四十里山
10	树舌	多孔菌科	灵芝属	*Ganoderma applanatum*(Pers.ex Wallr.) Pat.	坡头乡四十里山
11	猪苓	多孔菌科	多孔菌属	*Polyporus umbellatus* (Pers.)Fries	坡头乡四十里山
12	香菇	口蘑科	香菇属	*Lentinus edodes* (Berk.)Sing	芝河镇刘台村
13	糙皮侧耳	口蘑科	侧耳属	*Pleurotus ostreatus* (Jacq.ex Fr.) Quel.	芝河镇刘台村
14	毛头鬼伞	伞菌科	鬼伞属	*Coprinus comatus* (Muell.ex Fr.)Gray	坡头乡四十里山
15	大颓马勃	马勃科	颓马勃属	*Calvatia gigantea*(Batsch ex Pers.)Lloyd	坡头乡四十里山
16	石梅衣	梅衣科	梅衣属	*Parmelia saxatilis* Ach.	坡头乡四十里山
17	地钱	地钱科	地钱属	*Marchantia polymorpha* L.	坡头乡四十里山
18	葫芦藓	葫芦藓科	葫芦藓属	*Funaria hygrometrica* Hedw.	坡头乡四十里山

（三）永和县中药资源普查名录（动物类）

序号	基原中文种名	科名	属名	基原拉丁学名	采集地点
1	中国园田螺	田螺科	园田螺属	*Cipangopaludina chinensis*(Gray).	芝河镇康协路
2	江西巴蜗牛	巴蜗牛科	巴蜗牛属	*Bradybaena kiangsinensis* (Marters)	芝河镇石门山
3	背暗异唇蚓	正蚓科	异唇蚓属	*Allolobophora caliginosa* f. *trapezoides* (Ant.Duges)	芝河镇响水湾村
4	日本医蛭	医蛭科	医蛭属	*Hirudo nipponica*(Whitman)	坡头乡兰家沟村
5	东亚钳蝎	钳蝎科	钳蝎属	*Buthus martensii* Karsch	芝河镇响水湾村
6	大腹圆蛛	圆蛛科	圆蛛属	*Aranea ventricosa* (L. Koch)	芝河镇响水湾村
7	鼠妇	蜡鼠妇科	鼠妇属	*Porcellio scaber* Latreille	芝河镇响水湾村
8	日本沼虾	长臂虾科	沼虾属	*Macrobrachium nipponense* (de Haan)	坡头乡兰家沟村
9	少棘蜈蚣	蜈蚣科	蜈蚣属	*Scolopendra subspinipes mutilans* L. Koch	芝河镇响水湾村
10	衣鱼	衣鱼科	衣鱼属	*Lepisma saccharina* Linnaeus	芝河镇响水湾村
11	大蜻蜓	蜓科	马大头属	*Anax parthenope* Selys	坡头乡兰家沟村
12	澳洲大蠊	蜚蠊科	大蠊属	*Periplaneta australasie* (Fabricius)	芝河镇响水湾村
13	中华真地鳖	鳖蠊科	地鳖属	*Eupolyphaga sinensis* (Walker)	芝河镇响水湾村
14	华北螳螂	螳螂科	大刀螳螂属	*Paratenodera augustipennis* Saussure	桑壁镇双锁山
15	东亚飞蝗	蝗科	飞蝗属	*Locusta migratoria manilensis* (Meyen)	桑壁镇双锁山
16	南方油葫芦	蟋蟀科	蟋蟀属	*Gryllus testaceus* Walker.	坡头乡兰家沟村
17	非洲蝼蛄	蝼蛄科	蝼蛄属	*Gryllotalpa africana* Palisot et Beauvois	坡头乡兰家沟村
18	蚱蝉	蝉科	蚱蝉属	*Cryptotympana atrata*(Fabricius)	桑壁镇石门山
19	豆芫菁	芫菁科	豆芫菁属	*Epicauta gorhami* Marseul	桑壁镇石门山
20	绿芫菁	芫菁科	绿芫菁属	*Lytta caraganae* Pallas	桑壁镇石门山
21	蜣螂	金龟子科	洁蜣螂属	*Catharsius molossus* (Linnaeus)	桑壁镇石门山
22	华北黑鳃金龟子	鳃金龟科	齿爪鳃角金龟属	*Holotrichia oblita* (Faldermann)	桑壁镇石门山
23	家蚕	家蚕蛾科	蚕属	*Bombyx mori* Linnaeus.	桑壁镇石门山
24	豹灯蛾	灯蛾科	灯蛾属	*Arctia caja phaeosoma* Butler	南庄乡中山里村
25	白粉蝶	粉蝶科	菜粉蝶属	*Pieris rapae* (Linnaeus)	南庄乡中山里村
26	黄凤蝶	凤蝶科	凤蝶属	*Papilio machaon* Linnaeus	南庄乡中山里村
27	复双斑黄虻	虻科	黄虻属	*Atylotus bivittateinus* Takahashi	南庄乡中山里村
28	舍蝇	蝇科	家蝇属	*Musca domestica vicina* Macquart	南庄乡中山里村
29	丝光褐林蚁	蚁科	蚁属	*Formica fusca* Linnaeus	芝河镇红花岽村

序号	基原中文种名	科名	属名	基原拉丁学名	采集地点
30	赤纹土蜂	土蜂科	土蜂属	*Scolia vittifons* Saussure et Sichel	芝河镇红花峁村
31	黄星长脚黄蜂	马蜂科	马蜂属	*Polistes mandarinus* Saussure	芝河镇红花峁村
32	中华蜜蜂	蜜蜂科	蜜蜂属	*Apis cerana* Fabricius	桑壁镇署益村
33	鲫	鲤科	鲫属	*Carassius auratus* (Linnaeus)	坡头乡兰家沟村
34	草鱼	鲤科	草鱼属	*Ctenopharyngodon idellus* (Cuvier et Valenciennes)	坡头乡兰家沟村
35	鲤	鲤科	鲤属	*Cyprinus (Cyprinus)carpio* Linnaeus	坡头乡兰家沟村
36	鲢	鲤科	鲢属	*Hypophthalmiehthys molitris* (Cuvier et Valenciennes)	坡头乡兰家沟村
37	泥鳅	鳅科	泥鳅属	*Misgurnus anguillicaudatus* (Cantor)	坡头乡兰家沟村
38	鲇	鲇科	鲇属	*Silurus asotus* Linnaeus	坡头乡兰家沟村
39	中华大蟾蜍	蟾蜍科	蟾蜍属	*Bufo bufo gargarizans* Cantor	坡头乡兰家沟村
40	黑斑蛙	蛙科	蛙属	*Rana nigromaculata* Hallowell	坡头乡兰家沟村
41	中华鳖	鳖科	鳖属	*Trionyx sinensis* Wiegmann	坡头乡兰家沟村
42	无蹼壁虎	壁虎科	壁虎属	*Gekko swinhonis* Gunther	桑壁镇署益村
43	丽斑麻蜥	蜥蜴科	蜥蜴属	*Eremias argus* Peters	桑壁镇署益村
44	黑脊蛇	游蛇科	脊蛇属	*Achalinus spinalis* Peters	桑壁镇署益村
45	白条锦蛇	游蛇科	锦蛇属	*Elaphe dione* Pallas	桑壁镇署益村
46	红点锦蛇	游蛇科	锦蛇属	*Elaphe rufodorsata*(Cantor)	桑壁镇署益村
47	棕黑锦蛇	游蛇科	锦蛇属	*Elaphe schrenckii* Strauch	桑壁镇署益村
48	锈链游蛇	游蛇科	游蛇属	*Natrix craspedogaster* (Boulenger)	坡头乡兰家沟村
49	虎斑游蛇	游蛇科	游蛇属	*Natrix tigrina lateralis*	坡头乡四十里山
50	黑眉锦蛇	游蛇科	锦蛇属	*Elaphe taeniurus* Cope	坡头乡四十里山
51	鸬鹚	鸬鹚科	鸬鹚属	*Phalacrocorax carbo sinensis*(Blumenbach)	坡头乡兰家沟村
52	绿翅鸭	鸭科	鸭属	*Anas crecca* Linnaeus.	坡头乡兰家沟村
53	绿头鸭	鸭科	鸭属	*Anas platyrhynchos* Linnaeus.	坡头乡兰家沟村
54	家鸭	鸭科	鸭属	*Anas platyrhynchos domestica*(Linnaeus)	坡头乡兰家沟村
55	白额雁	鸭科	雁属	*Anser albifrons*(Scopoli)	坡头乡兰家沟村
56	家鹅	鸭科	雁属	*Anser cygnoides orientalis*(Linnaeus)	坡头乡兰家沟村
57	大天鹅	鸭科	天鹅属	*Cygnus cygnus* (Linnaeus)	坡头乡兰家沟村

序号	基原中文种名	科名	属名	基原拉丁学名	采集地点
58	金雕	鹰科	雕属	*Aquila chrysaetos* (Linnaeus)	坡头乡四十里山
59	鸢	鹰科	鸢属	*Milvus korschun lineatus* (Gray)	坡头乡四十里山
60	鹌鹑	雉科	鹑属	*Coturnix coturnix* (Linnaeus)	坡头乡四十里山
61	家鸡	雉科	原鸡属	*Gallus gallus domesticus* Brisson	坡头乡四十里山
62	乌骨鸡	雉科	原鸡属	*Gallus gallus nigrosceus* Brisson	坡头乡四十里山
63	斑翅山鹑	雉科	山鹑属	*Perdix dauuricae* (Pallas)	坡头乡四十里山
64	环颈雉	雉科	雉属	*Phasianus colchicus* Linnaeus	坡头乡四十里山
65	家鸽	鸠鸽科	鸽属	*Columba livia domestica* (Linnaeus)	坡头乡四十里山
66	岩鸽	鸠鸽科	鸽属	*Columba rupestris* Pallas	坡头乡四十里山
67	山斑鸠	鸠鸽科	斑鸠属	*Streptoplia orientatis* (Latham)	坡头乡四十里山
68	大杜鹃	杜鹃科	杜鹃属	*Cuculus canorus* Linnaeus	坡头乡四十里山
69	小杜鹃	杜鹃科	杜鹃属	*Cuculus poliocephalus* Latham	坡头乡四十里山
70	鸱鸮	鸱鸮科	雕鸮属	*Bubo bubo* (Linnaeus)	坡头乡四十里山
71	翠鸟	翠鸟科	翠鸟属	*Alcedo atthis* (Linnaeus)	坡头乡四十里山
72	戴胜	戴胜科	戴胜属	*Upupa epops* Linnaeus	坡头乡四十里山
73	云雀	百灵科	云雀属	*Alauda arvensis* Hume	桑壁镇上桑壁村
74	金腰燕	燕科	燕属	*Hirundo daurica* Linnaues	桑壁镇上桑壁村
75	家燕	燕科	燕属	*Hirundo rustica* Linnaues	桑壁镇上桑壁村
76	灰沙燕	燕科	沙燕属	*Riparia riparia* (Linnaeus)	桑壁镇上桑壁村
77	小嘴乌鸦	鸦科	鸦属	*Corvus corone* Linnaeus	桑壁镇上桑壁村
78	大嘴乌鸦	鸦科	鸦属	*Corvus macrorhynchos* Wagler	桑壁镇上桑壁村
79	喜鹊	鸦科	鹊属	*Pica pica* (Linnaeus)	桑壁镇上桑壁村
80	麻雀	文鸟科	麻雀属	*Passer montanus* (Linnaeus)	桑壁镇上桑壁村
81	刺猬	猬科	猬属	*Erinaceus europaeus* Linnaeus	南庄乡中山里村
82	东方蝙蝠	蝙蝠科	蝙蝠属	*Vespertilio superans* Thmas	桑壁镇上桑壁村
83	草兔	兔科	兔属	*Lepus capensis* Linnaeus	南庄乡中山里村
84	家兔	兔科	穴兔属	*Oryctolagus cuniculus* f. *domesticus*	南庄乡中山里村
85	草原黄鼠	松鼠科	黄鼠属	*Citellus dauricus* Brandt	南庄乡中山里村
86	花鼠	松鼠科	花鼠属	*Tamias sibiricus* Laxmann	南庄乡中山里村
87	中华鼢鼠	仓鼠科	仓鼠属	*Myospalax fontanieri* Milne-Edwards	南庄乡中山里村
88	褐家鼠	鼠科	鼠属	*Rattus norvegicus* Berkenhout	南庄乡中山里村

序号	基原中文种名	科名	属名	基原拉丁学名	采集地点
89	家犬	犬科	犬属	*Canis familiaris* Linnaeus	芝河镇药家湾村
90	狼	犬科	犬属	*Canis lupus* Linnaeus	芝河镇药家湾村
91	赤狐	犬科	狐属	*Vulpes vulpes* Linnaeus	坡头乡四十里山
92	猪獾	鼬科	猪獾属	*Arctonyx collaris* F. Cuvier	坡头乡四十里山
93	水獭	鼬科	水獭属	*Lutra lutra* Linnaeus	坡头乡四十里山
94	青鼬	鼬科	鼬属	*Martes flavigula* Boddaert	坡头乡四十里山
95	黄鼬	鼬科	鼬属	*Mustela sibirica* Pallas	坡头乡四十里山
96	狗獾	鼬科	狗獾属	*Meles meles* Linnaeus	坡头乡四十里山
97	家猫	猫科	猫属	*Felis ocreata domestica* Brisson	坡头乡官庄村
98	驴	马科	马属	*Equus asinus* Linnaeus	坡头乡官庄村
99	马	马科	马属	*Equus caballus orientalis* Noack	坡头乡官庄村
100	骡	马科	马属	*Equus asinus* Linnaeus × *Equus caballus orientalis* Noack	坡头乡官庄村
101	野猪	猪科	猪属	*Sus scrofa* Linnaeus	坡头乡官庄村
102	家猪	猪科	猪属	*Sus scrofa domestica* Brisson	坡头乡官庄村
103	麅	鹿科	麅属	*Capreolus capreolus* Linnaeus	坡头乡官庄村
104	梅花鹿	鹿科	鹿属	*Cervus nippon* Temminck	坡头乡官庄村
105	马鹿	鹿科	鹿属	*Cervus elaphus* Linnaeus	坡头乡官庄村
106	黄牛	牛科	牛属	*Bos taurus domesticus* Gmelin	坡头乡官庄村
107	山羊	牛科	山羊属	*Capra hircus* L.	坡头乡官庄村
108	绵羊	牛科	绵羊属	*Ovis aries* L.	坡头乡官庄村

（四）永和县中药资源普查名录（矿物及其他类）

序号	药材名	来源	采集地点
1	铁粉	钢铁飞炼而成的粉末或生铁打碎成粉，用水漂出的细粉	芝河镇
2	铁浆	生铁浸于水中生锈后形成的溶液	芝河镇
3	铁落	生铁煅至红赤，外层氧化时被锤落的铁屑	芝河镇
4	铁锈	铁露置空气中氧化后生成的褐色锈衣	芝河镇
5	铁精	炼铁炉中的灰烬	芝河镇
6	铁华粉	铁与醋酸作用生成的锈末	芝河镇
7	针砂	制造钢针时磨下的细屑	芝河镇
8	铜绿	铜器表面经二氧化碳或醋酸作用生成的绿色锈衣	芝河镇
9	石灰	经煅烧的石灰岩	桑壁镇
10	姜石	黄土层或风化红土层中钙质结核	桑壁镇
11	井底泥	为井底淤积的灰黑色泥土	桑壁镇
12	地浆	为产于黄土水坑中的地浆水	桑壁镇
13	伏龙肝	为灶底久经柴草熏烧的土块	桑壁镇
14	龙骨	为古代哺乳动物如象类、犀牛类、三趾马类等动物的骨骼化石	桑壁镇
15	龙齿	为古代哺乳动物如象类、犀牛类、三趾马类等动物的牙齿化石	桑壁镇
16	龙角	为古代哺乳动物如象类、犀牛类、三趾马类等动物的角骨化石	桑壁镇
17	百草霜	为稻草、麦秸、杂草燃烧后附于锅底或烟囱内的黑色烟灰	芝河镇
18	草木灰	为柴草烧成的灰	芝河镇
19	酒	高粱、大麦、米、甘薯、玉米、葡萄等为原料酿制而成的饮料	芝河镇
20	酒糟	酿酒后剩余的残渣	芝河镇
21	醋	用高粱、米、大麦、小米、玉米或低度白酒为原料酿制而成的含有乙酸的液体	芝河镇

附录3
禁限用农药名录

《农药管理条例》规定，农药生产应取得农药登记证和生产许可证，农药经营应取得经营许可证，农药使用应按照标签规定的使用范围、安全间隔期用药，不得超范围用药。剧毒、高毒农药不得用于防治卫生害虫，不得用于蔬菜、瓜果、茶叶、菌类、中草药材的生产，不得用于水生植物的病虫害防治。

一、禁止（停止）使用的农药（46种）

六六六、滴滴涕、毒杀芬、二溴氯丙烷、杀虫脒、二溴乙烷、除草醚、艾氏剂、狄氏剂、汞制剂、砷类、铅类、敌枯双、氟乙酰胺、甘氟、毒鼠强、氟乙酸钠、毒鼠硅、甲胺磷、对硫磷、甲基对硫磷、久效磷、磷胺、苯线磷、地虫硫磷、甲基硫环磷、磷化钙、磷化镁、磷化锌、硫线磷、蝇毒磷、治螟磷、特丁硫磷、氯磺隆、胺苯磺隆、甲磺隆、福美胂、福美甲胂、三氯杀螨醇、林丹、硫丹、溴甲烷、氟虫胺、杀扑磷、百草枯、2,4-滴丁酯。

注：氟虫胺自2020年1月1日起禁止使用。百草枯可溶胶剂自2020年9月26日起禁止使用。2,4-滴丁酯自2023年1月29日起禁止使用。溴甲烷可用于"检疫熏蒸处理"。杀扑磷已无制剂登记。

二、在部分范围禁止使用的农药（20种）

通用名	禁止使用范围
甲拌磷、甲基异柳磷、克百威、水胺硫磷、氧乐果、灭多威、涕灭威、灭线磷	禁止在蔬菜、瓜果、茶叶、菌类、中草药材上使用，禁止用于防治卫生害虫，禁止用于水生植物的病虫害防治
甲拌磷、甲基异柳磷、克百威	禁止在甘蔗作物上使用
内吸磷、硫环磷、氯唑磷	禁止在蔬菜、瓜果、茶叶、中草药材上使用
乙酰甲胺磷、丁硫克百威、乐果	禁止在蔬菜、瓜果、茶叶、菌类和中草药材上使用
毒死蜱、三唑磷	禁止在蔬菜上使用
丁酰肼（比久）	禁止在花生上使用

通用名	禁止使用范围
氰戊菊酯	禁止在茶叶上使用
氟虫腈	禁止在所有农作物上使用（玉米等部分旱田种子包衣除外）
氟苯虫酰胺	禁止在水稻上使用

农业农村部农药管理司

二〇一九年

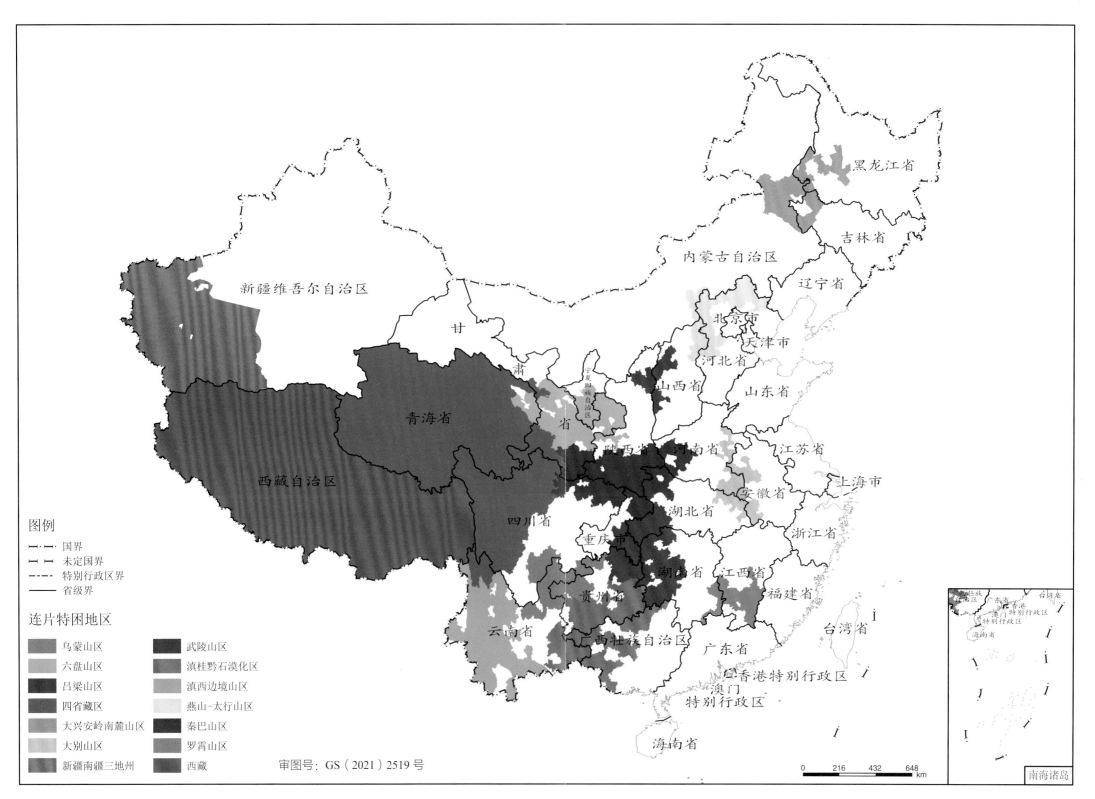

图例

- —·—·— 国界
- ——— 未定国界
- —··—··— 特别行政区界
- ——— 省级界

连片特困地区

- 乌蒙山区
- 六盘山区
- 吕梁山区
- 四省藏区
- 大兴安岭南麓山区
- 大别山区
- 新疆南疆三地州
- 武陵山区
- 滇桂黔石漠化区
- 滇西边境山区
- 燕山-太行山区
- 秦巴山区
- 罗霄山区
- 西藏

审图号：GS（2021）2519号

0 216 432 648 km

南海诸岛

全国14个集中连片特困地区分布图

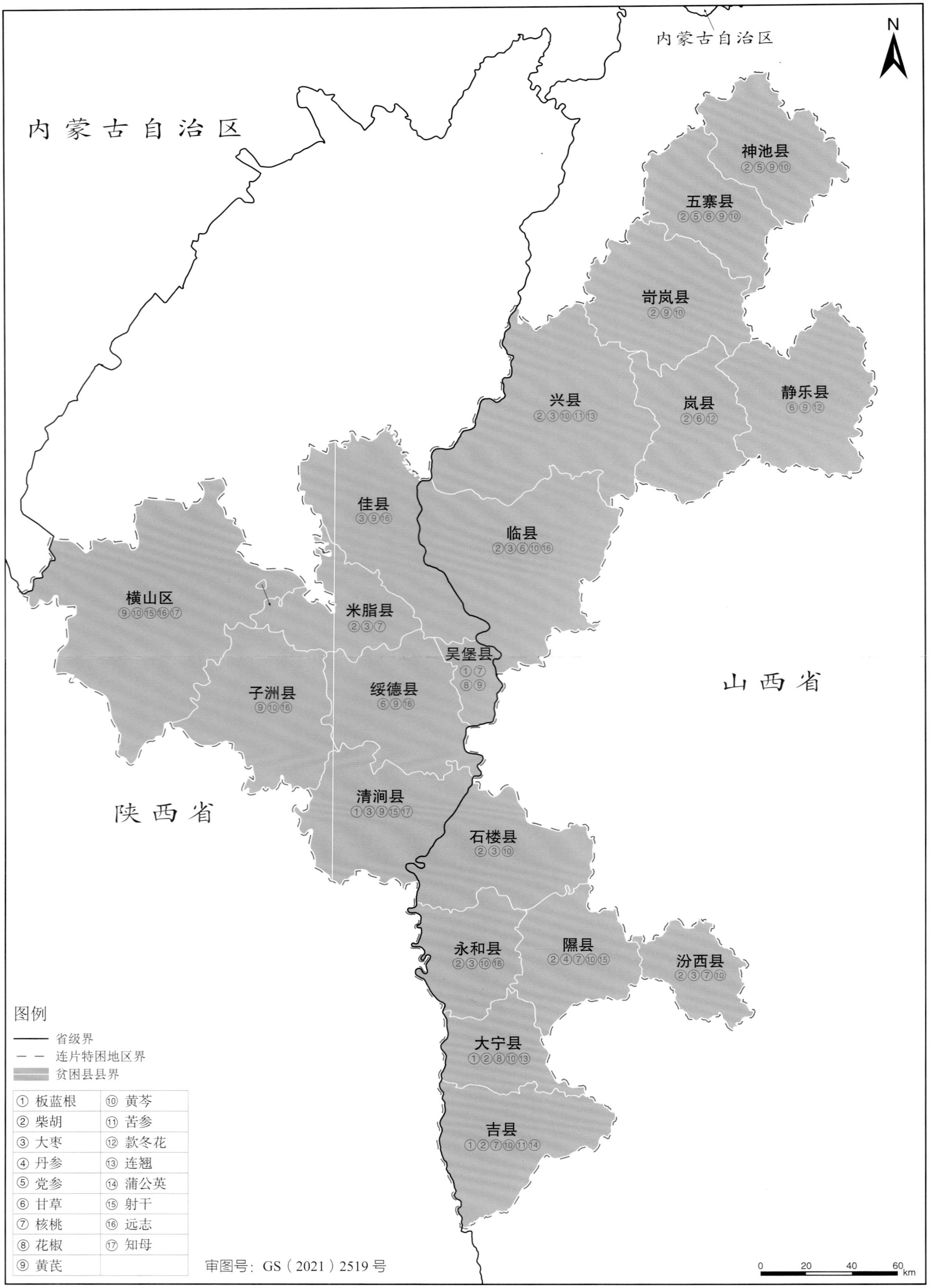

N
内蒙古自治区
内蒙古自治区
神池县
②⑤⑨⑩
五寨县
②⑤⑥⑨⑩
岢岚县
②⑨⑩
兴县
②③⑩⑪⑬
岚县
②⑥⑫
静乐县
⑥⑨⑫
佳县
③⑨⑯
临县
②③⑥⑩⑯
横山区
⑨⑩⑮⑯⑰
米脂县
②③⑦
吴堡县
①⑦
⑧⑨
子洲县
⑨⑩⑯
绥德县
⑥⑨⑯
山西省
陕西省
清涧县
①③⑨⑮⑰
石楼县
②③⑩
永和县
②③⑩⑯
隰县
②④⑦⑩⑮
汾西县
②③⑦⑩
大宁县
①②⑧⑩⑬
吉县
①②⑦⑩⑪⑭
图例
省级界
连片特困地区界
贫困县县界
① 板蓝根
② 柴胡
③ 大枣
④ 丹参
⑤ 党参
⑥ 甘草
⑦ 核桃
⑧ 花椒
⑨ 黄芪
⑩ 黄芩
⑪ 苦参
⑫ 款冬花
⑬ 连翘
⑭ 蒲公英
⑮ 射干
⑯ 远志
⑰ 知母
审图号：GS（2021）2519 号
0 20 40 60 km

吕梁山区中药材种植品种分布图